POLITIQUES DU DÉSORDRE

Manifeste pour des écotopies décoloniales féministes et queers

Sem Nagas

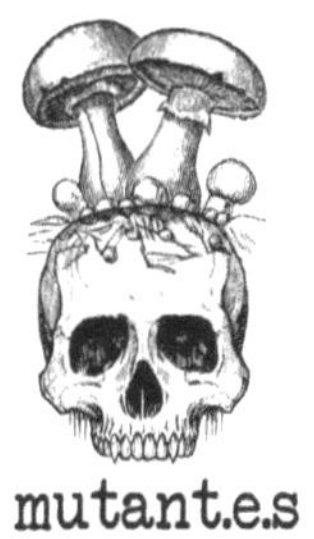

mutant.e.s

Édition : BoD – Books on Demand, info@bod.fr
Impression : BoD – Books on Demand, In de Tarpen 42, Norderstedt (Allemagne)
Impression à la demande

Illustration de couverture : Sem Nagas

ISBN : 978-2-3225-2526-3
Dépôt légal : Juillet 2024

Table des matières

Notes sur la langue et les mots..3
INTRODUCTION : DÉSASTRES ET TRANSFORMATIONS.................7
EMBRASSER LE DÉSORDRE..15
    Écologie radicale...16
    Thanatocène...23
    Écolonialités..29
    Infériorisation et dépossessions..34
    Écologie immunitaire...44
    Utopies sauvages...54
LE GENRE DU DÉSASTRE...67
    Masculinités plurielles..68
    Masculinité techno-libérale...75
    Masculinité fossile...86
    Convergences désastreuses...101
VISION ORGANIQUE..111
    L'essence et la matière..112
    Les corps-territoires...117
    Soin, responsabilité et vulnérabilité...123
    Résistances inter-espèces...129
    Aucun humain n'est une île...138
    Spiritualités matérialistes..143
ÉCOLOGIE QUEER DISSIDENTE...153
    Une fierté férale..154
    Le Vivant est queer...159
    Complicités fongiques...169
    Politique des ponts..173
ÉROCÈNE : POUR UN MONDE DÉSORDONNÉ ET DÉSIRABLE. .183
BIBLIOGRAPHIE..189
REMERCIEMENTS..195

NOTES SUR LA LANGUE ET LES MOTS

Chaque fois que l'impuissance et le désespoir me guettent, je les broie et je les transforme en rage. Puis je disperse ma colère sèche en milliers de grains de sable qui iront saboter la machine. Ce livre est un grain de sable.

Quand la lumière est fatiguée, je répète ces axiomes : Nous sommes sans pouvoir, mais pas sans puissance. Nous sommes isolé·e·s, mais nous sommes des milliards. Nous sommes vulnérables, mais nous ne sommes pas faibles. Nous sommes maintenu·e·s dans des situations de précarité, mais nous ne sommes pas sans ressource.

Ce livre est un pavé. Dans une marre, au travers d'une vitrine ou sur une gueule. Je m'excuse de sa longueur, mais la pensée s'est déroulée ainsi. Elle voulait prendre son temps pour s'installer et se préciser. Puissiez-vous digérer avec douceur, au rythme qui vous convient.

Ce livre est un tissage. Il n'est pas une entité isolée et exceptionnelle. Il est le fruit de rencontres. Il fait partie d'une œuvre plus grande. Son ambition est de filer encore, de continuer à tisser des liens.

Ce livre est une expérience. Je n'applique pas toujours l'écriture inclusive aux catégories dominantes (par exemple : *les bourgeois* ou les catégories où le féminin est majoritaire exemple : *les soignantes*.) À l'inverse, je pratique l'émajusculation des dominants, des mots comme *france, état* ou *ministre*, seront émajusculés. J'utilise *iells, elleux, celleux* et *toustes* pour marquer le pluriel dans un continuum entre *ils* et *elles* et au-delà.

Ce livre est une photographie. J'ai effectué un arrêt sur image, mes pensées ont été figées dans un espace-temps donné. Cette immobilisation est utile pour analyser et comprendre. Mais l'ouvrage n'a rien d'exhaustif ni d'extra-ordinaire. Certaines parties sont même lacunaires. Son autrice continue à réfléchir et à ressentir. En fait, elle est déjà passée à autre chose.

Ce livre est un défi. Je n'ai pas l'aisance économique d'écrire. J'ai forcé cette activité dans ma vie. J'ai confectionné ce livre sur plusieurs années, entre inflammations, fatigues chroniques, carences, colères, dépressions et anxiétés, dans ma chambre de squat en attendant le RSA ou dans mon vieux camion sur des parkings de randonnée. J'ai lutté contre le temps qui s'évapore, le sentiment d'imposture et les règles du jeu étriquées du système éditorial. Sans l'amour révolutionnaire et la solidarité féministe, il n'aurait jamais vu le jour.

Ce livre est un crachat. J'écris parce que nous sommes sommé·e·s de nous taire, parce que nos vécus ne sont jamais perçus comme des sources de connaissance, de savoir et de joie. Nous parlons la langue des fol·les, nous sommes des hurlant·e·s, des bégayant·e·s, des colériques. Nos voix sont inaudibles et inconfortables. Elles sont du bruit. Donc voici encore plus de bruit et sa compagne l'odeur.

Ce livre est subjectif. Je n'écris pas avec une prétention d'objectivité. Je n'efface pas le « je », car il est un outil émancipateur des savoirs minoritaires. Il fait intervenir l'expérience personnelle de façon transparente. Sans lui, il est impossible de raconter certaines histoires. Ce « je » détermine le fond et la forme de ce que j'écris. Il détermine ce que je vois et ce que j'ignore. Il s'allie souvent à un « nous » politique. Il permet aux lecteurs·trices de critiquer, d'avoir un avis personnel et de faire le tri.

Ce livre est une bombe. Si la langue du colon a été forcée dans nos bouches, nous ne sommes pas sans dent. Nous n'avons pas appris la langue du colon pour lui plaire, mais pour varier le registre de l'insulte. Pour les indigènes, le processus colonial nécessite une coupure avec la langue maternelle. La mienne a été rapidement avalée. Ce n'est pas un choix délibéré, mais une conséquence historique et politique. La langue de ma mère s'est perdue entre Alger et les HLM strasbourgeois. Alors, avec tout ce qu'elle a de charge explosive, à défaut d'être sans langue, je m'exprime dans celle du colon. Je nage dans la structure de leurs pensées. Je ne peux pas me cacher derrière un autre alphabet. Alors, j'espère être une bombe bactérienne, provoquer douleurs et fièvres chez mon hôte. J'écris avec ma bouche, mes tripes, mes muscles, mon sang et mes yeux sinistrés. Et ceux-là ne sont pas blancs.

Ce livre est littérature. J'ai conscience de la limitation et du frein de la forme livresque, c'est pourquoi je suis restée longtemps sur de petits formats comme des zines pour parler de questions politiques, dans un but d'accessibilité[1]. Cependant, le livre permet de laisser des traces qui s'avèrent parfois rares et précieuses. Il permet aussi de développer sa pensée. Au-delà du fait que ce soit le moyen qui m'ait choisie pour exprimer mes idées, il y a un intérêt à se réapproprier la langue et le livre. S'ils ont pu être les outils privilégiés des classes dirigeantes, ils ne leur appartiennent pas. À partir du moment où nous les utilisons, les mots sont nôtres. Nous ne pouvons rester sans langue. La langue est dissidente non pas par filiation, mais parce qu'elle pénètre le cœur pour conjurer les terreurs et les offenses, parce qu'elle brûle.

____

1 La série de zines « mutant.e.s » compte actuellement 11 numéros et continue de grandir. Plus d'informations sur *semnagas.wordpress.com* *ou* *sem.nagas@gmail.com*

INTRODUCTION : DÉSASTRES ET TRANSFORMATIONS

« La décolonisation, qui se propose de changer l'ordre du monde, est, on le voit, un programme de désordre absolu. »

FRANTZ FANON

« L'ordre, l'ordre, l'ordre !», un mot répété telle une invocation par un chef d'état capricieux[2]. Comme beaucoup de mes camarades, j'ai des problèmes avec l'autorité. Je n'aime ni les chefs ni les états. Les ordres, les ordonnances, toute règle imposée sans mon consentement me rebute et provoque chez moi une fièvre sauvage. L'ordre qui est prêché dans la bouche des ordonnateurs est politique, c'est celui qui organise la société en classes d'individus. Chacun·e est alors sommé·e de tenir son rang, jouer le rôle qui lui est assigné à la naissance et fermer sa gueule.

Ceci est un manifeste pour hurler, former des meutes, fomenter des émeutes, pousser des révoltes, saccager, saboter et aboyer, planter des

---

2 Mots prononcés le 24 juillet 2023 par Emmanuel Macron après les révoltes des quartiers populaires suite à la mort de Nahel Merzouk, 17 ans, tué par un policier lors d'un contrôle à Nanterre, le 27 juin 2023.

occupations, récolter des embrouilles et partout, inspirer le trouble et le désordre. Parce que le temps des négociations est mort. Ce sont les grands patrons et l'état policier qui l'ont enterré.

Dans un monde libre et vivant, l'ordre n'est pas synonyme d'autorité, mais d'équilibre. C'est celui que nous tentons de maintenir au sein d'un écosystème et d'une communauté. Il est ce qui émerge des cycles saisonniers, de l'agitation populaire, des discussions broussailleuses, de la digestion, du chaos des conflits, du silence, de la circulation du pouvoir et des collaborations inter-espèces. Le désordre est ce qui transpire de la masse organique indisciplinée.

Nous sommes nombreux·ses à ne plus pouvoir habiter notre maison parce que nous sommes menacé·e·s par les agents d'un ordre désastreux. Ils imposent des hiérarchies sur nos corps, dans nos relations et nous maintiennent à distance des autres formes vivantes. La façon dont nous habitons notre maison interroge des aspects fondamentaux de la politique, j'appelle cela l'écologie.

Parler d'écologie n'est pas assez précis, il faut dire d'où je parle, quel est mon rapport au monde, la logique de mon environnement. Dire que mes parents viennent d'Afrique du Nord ne donne pas d'information essentielle à ce sujet. Il faut dire que je suis née brune, valide et femelle, dans un quartier populaire français, dans la modernité capitaliste et patriarcale des années 1980, loin des chameaux et du désert auxquels on me renvoyait souvent. Ma nature c'était des barres de béton, du bitume à perte de vue, des mottes de terre sous mes sandales premier prix, des touffes d'herbes avec quelques pissenlits et des trèfles à quatre feuilles. Je préférais jouer avec les filles et on s'amusait à construire des maisons-à-nous avec des bâtons trop petits.

En grandissant, la forêt est devenue mon refuge. Je l'ai d'abord aimée parce qu'il n'y avait pas d'humain et beaucoup de silence. Elle apaisait les maux de tête, la colère et la dépression. Même quand je ne peux pas marcher, j'observe ses nuances de vert depuis mon camion, garé sur un parking de randonnée. Lorsque j'ai développé une obsession pour les champignons, j'ai constaté qu'il ne faut pas aller bien loin pour les rencontrer. Ils sont partout, même en ville. Dans cet espace qu'on qualifie de *naturel*, j'ai vite remarqué que les chemins étaient balisés, les parcelles numérotées, le stationnement réglementé et que la forêt n'était pas accessible pour de nombreuses personnes. Pour ceux qui la possèdent, elle existe comme un endroit de stockage : la forêt fabrique du bois et accueille le gibier. La forêt ne peut pas devenir ma maison parce qu'il y a toujours l'homme blanc au fusil. Politiquement, c'est exactement où je me situe pour parler d'écologie : dans un espace flou entre nature et culture, dans la ligne de mire du chasseur, pouvant être confondue avec un sanglier.

Du point de vue d'un sujet politiquement marginalisé, l'écologie est une question qui aborde le sujet polysémique des racines. Elle dévoile les mécanismes qui impliquent que certain·e·s puissent habiter ce monde et en jouir librement, tandis que d'autres sont chassé·e·s et transformé·e·s en matière exploitable. Elle englobe les problématiques économiques, sociales, politiques, sexuelles, raciales, validistes, scientifiques et spirituelles dans la simple question : Comment (sur)vivre?

Contrairement à la croyance populaire, nous ne sommes pas toustes dans le même bateau. Nous ne sommes pas égaux face aux désastres et l'exposition des plus vulnérables n'est pas due au hasard. Certain·e·s survivent dans des barques tandis que d'autres font la fête dans des yachts. Un nombre grandissant survit dans la cale ou s'entasse dans des radeaux de fortune. Beaucoup ont déjà touché le fond et on voit apparaître des canoës lourdement armés.

Ce que j'appelle le désastre est le système qui ébranle les bases mêmes de la vie sur Terre. Conséquence de l'habiter colonial et patriarcal, il empêche de nombreux sujets de faire monde. Dès lors, face au désastre, la révolution ne suffit pas. Au-delà des réformes, une profonde transformation est nécessaire. Le changement radical est un processus qui concerne autant la psyché des individus que le paradigme de la société. Nous devons ébranler nos pensées et nos actes, en commençant par interroger les choses à leurs racines. Ceci est ma contribution utopique à l'agitation en cours.

À partir de positions subalternes et mutantes, j'entrevois la possibilité d'une utopie radicale : écologique, anticapitaliste, féministe, queer, antivalidiste et décoloniale. Parce qu'il m'est impossible de me contenter d'un seul adjectif au risque de laisser derrière moi des complices, des membres de ma communauté et des camarades. Depuis les racines, nos adelphités permettent de tisser des complicités impensables. Nos utopies radicales contaminent la réalité et s'étendent jusqu'à pourrir les rêves des dominants. À quoi bon imaginer des utopies si elles n'exigent pas l'impossible ? Ce livre est le produit de croisements, de nœuds et de pourrissements.

Souvent, les utopies sont décrites comme des sociétés idéales et irréalisables. Pour moi, elles existent comme des lieux imparfaits d'expérimentations. Elles émanent de nécessités matérielles et/ou politiques en réponse à des contextes violents. Créer des utopies est une stratégie nécessaire pour lutter contre les dystopies en cours (extrême droite, fascisation, capitalisme global).

Le terme *écotopie* est emprunté à l'éco-anarchiste Murray Bookchin[3], il s'agit d'une utopie fondée sur des principes écologiques. Elle permet de

---

3 Murray Bookchin, *Towards an Ecological Society*, 1973, Traduction française de Daniel Blanchard et Helen Arnold, *Pour une société écologique*, Christian Bourgeois, 1976.

mettre en pratique *ici et maintenant* les théories de la libération et de rétablir l'équilibre entre les sociétés humaines et le Vivant. L'utopie anarchiste recherche la transformation de l'individu et de la société. Elle est un lieu désiré et désordonné souvent éphémère, une construction collective et autonome par rapport à l'état et ses institutions.

L'idée de cet essai est d'aborder l'écologie à partir d'une pensée radicale tout en faisant des liens avec les oppressions coloniales et patriarcales. L'écologie radicale[4] est nourrie par les pensées et pratiques des mouvements anticapitalistes, féministes, queers, décoloniaux et anarchistes. Contrairement à l'environnementalisme, elle n'envisage pas « la nature » comme un objet déconnecté de la société et remet en question la vision de l'homme blanc hétérosexuel valide dominant le monde naturel. Elle affirme que les relations entre humains sont intrinsèquement liées aux relations qu'ils entretiennent avec le Vivant. J'utilise les catégories de *race, genre* et *nature* comme points de départ pour démanteler le système depuis ses racines. Cependant, ces fictions ne sont ni précieuses ni divertissantes. Elles sont des obsessions du pouvoir, des fondements organisationnels, des outils politiques d'interprétation du monde auxquels nous devons trouver des alternatives.

Dans la première partie, *embrasser le désordre*, je pose des bases pour une écologie radicale. Je m'intéresse aux liens entre les politiques coloniales, le racisme et l'écologie. En effet, sous couvert d'écologie, les pays du Nord entretiennent un rapport colonial avec les pays du Sud, accélérant les processus désastreux loin de leurs frontières. Ce mécanisme est aussi visible à l'intérieur du pays où la construction d'un ennemi intérieur face à un peuple menacé indique la mise en place d'une politique immunitaire qui prend pour cible les subalternes et en particulier les racisé·e·s. Plutôt qu'un

____

4 Voir Carolyn Merchant, *Radical Ecology : The search for a livable world*, Routledge, 2005.

retour à une nature fantasmée ou une intégration dans la culture française, je propose un ensauvagement volontaire.

Le genre du désastre est une étude sur les masculinités de pouvoir. Dans cette deuxième partie, j'étudie les dominants dans leurs manières masculines et occidentales d'exercer le pouvoir et d'habiter le monde. Je tente de tracer les contours de ces performances qui imposent l'exploitation, la domination et engendrent l'impossibilité de (sur)vivre afin de les démanteler et d'accueillir de nouvelles possibilités.

Le troisième chapitre, *vision organique,* explore des alternatives écoféministes, décoloniales et antispécistes. Elles nous interrogent sur nos croyances et notre spiritualité comme des questions fondamentales liées à la puissance personnelle et à l'organisation collective. Un rapport au Vivant transformé engendre de nouvelles façons d'habiter notre corps, d'entrevoir le soin et de définir la communauté au-delà d'une vision anthropocentrée et individualiste.

Et enfin, dans *écologies queer*[5] *dissidentes,* je questionne l'argument naturel qui s'érige pour discriminer et violenter les personnes queers. Pratiquer et théoriser l'écologie à partir de positions dissidentes au patriarcat permet de démanteler des piliers de la société de domination : le régime hétérosexuel, la famille patriarcale, l'état-nation et le validisme.

---

5 À l'origine le terme « queer » est une insulte en anglais qui signifie « bizarre », « étrange », « tordu ». Elle a été reprise dans une tentative de retourner le stigmate et de s'affirmer face à l'obligation à l'hétérosexualité et aux normes de genres. En français, le mouvement transpédégouine ou queer radical s'inscrit dans une lignée politique révolutionnaire, féministe, anticapitaliste, antiraciste et antivalidiste.
Ici, j'utilise « queer » pour parler de personnes et de mouvements qui tentent de sortir de la domination, de l'exploitation et de la dépendance à l'état et au libéralisme. Je n'utilise pas le mot queer comme synonyme de « gay » ou de « LGBT+ » ni comme terme parapluie incluant des identités qui ne s'inscrivent pas dans une démarche politique.

L'écologie dissidente interroge les transitions futures et aide à redéfinir les bases de la communauté, notamment en préférant s'allier avec des organismes à mauvaise réputation, comme les champignons, plutôt qu'avec les bourgeois·e·s.

Nous avons besoin d'expérimenter de façon intime ce changement radical[6]. Ce système du désastre n'est pas un monstre suspendu au-dessus de nos têtes. Nous sommes organiquement lié·e·s à lui. Il est l'incarnation de nos travers et le résultat d'une expérimentation sociétale dont nous devons brusquer le dénouement. Le processus mutant est la chirurgie du monstre, celle qui nous mène à traverser des espaces clairs-obscurs, à plonger dans nos entrailles et affronter les hydres que nous avons engendré. La mutation peut être accidentelle ou programmée. Elle implique chutes et réussites. Elle est une nécessité pour qu'il puisse y avoir encore un monde. Parfois, elle est une série d'expérimentations marginales du Vivant, des éventails de possibilités biotiques. Dans tous les cas, la mutation rend compte de la recherche constante pour s'améliorer et demeurer en équilibre au sein d'un écosystème. Les mutations nous rappellent que nous ne sommes pas figé·e·s. C'est précisément cela être vivant·e : être dans le mouvement. Nous devons muter, car le futur est une farce. La résilience est une arnaque, tout comme la restauration. Muter nous force à couper des membres, à expérimenter des symbioses, à faire pousser de nouveaux organes, à tout transformer à l'intérieur et autour de nous. En conséquence, nous habitons la maison de façon étrange et nouvelle. En mutant, nous allons y laisser des plumes et des peaux, nous allons mourir à certains endroits, pourrir à d'autres, et c'est exactement ce que nous désirons : ruiner l'empire et embrasser le désordre.

---

6 « *(…), plus que de révolution, nous avons besoin de mutation* », Françoise d'Eaubonne, *Le féminisme*, A. Moreau, 1972.

EMBRASSER LE DÉSORDRE

« Personne ne quitte sa maison à moins que sa maison ne soit devenue la gueule d'un requin. (...) Il faut que tu comprennes que personne ne pousse ses enfants sur un bateau à moins que l'eau ne soit plus sûre que la terre ferme. (...) Personne ne choisit les camps de réfugié·e·s ou la prison ».

WARSAN SHIRE[7]

« Je suis une maudite Sauvagesse. Je suis très fière quand, aujourd'hui, je m'entends traiter de Sauvagesse. Quand j'entends le blanc prononcer ce mot, je comprends qu'il me redit sans cesse que je suis une vraie Indienne et que c'est moi la première à avoir vécu dans le bois... Or toute chose qui vit dans le bois correspond à la vie meilleure. Puisse le blanc me toujours traiter de Sauvagesse. »

AN ANTANE KAPESH

---

7 « Home » de Warsan Shire, poétesse, écrivaine, éditrice et enseignante britannico-somalienne.

Écologie radicale

Écrire sur l'écologie politique en tant que personne marginalisée n'est pas une évidence. L'écologie comme beaucoup d'autres sujets est d'abord visible dans sa version occidentale, blanche et bourgeoise. Elle se présente alors comme une série de préjugés et de contraintes adressés à celleux qui sont désigné·e·s comme responsables de la pollution et du gaspillage des ressources : les classes populaires et les personnes racisé·e·s. Quant aux personnes queers et handies, elles sont qualifiées de contre-nature et sont exclues des discours sur le Vivant. Dans sa version étatique, l'écologie est fortement liée au domaine scientifique et impose des règles qui deviennent une nouvelle manière de définir le bon citoyen et le distinguer du sauvage. Dans les pays du Sud, la « protection de la nature » est un instrument colonial supplémentaire pour trier, expulser et exterminer les racisé·e·s. En surface, l'écologie est un truc de blancs relatif à leur besoin de tout contrôler sans jamais résoudre les problèmes qu'ils engendrent. Il nous faut donc nommer cette écologie qui stagne en surface sans régler les problèmes. Nous l'appellerons *écologie des dominants*, parce qu'elle émane des classes supérieures ; ou *écologie du Nord*, quand elle sert le marché global ; voire *environnementalisme*. L'environnementalisme témoigne d'un domaine qui continue le récit d'une nature « environnante », contrôlée par l'homme moderne et qui présente la nature comme un décor extérieur auquel les marginalisé·e·s sont tantôt assimilé·e·s, tantôt exclu·e·s.

En prenant des chemins de traverses, nous pouvons tracer les contours d'une écologie qui émane de positions marginalisées. Ce sont des bribes de pratiques et de théories que j'ai sélectionné et tissé ensemble pour partager la vision d'une écologie qui prend en compte des expériences politiques qui contredisent l'environnementalisme. Cette écologie est radicale d'abord parce qu'elle s'intéresse aux racines : les racines des oppressions, les racines liées à la survie et aux besoins vitaux, les racines des ancêtres, celles que nous plantons dans les lieux que nous habitons, celles qui nous permettent de puiser des forces, d'échanger et de grandir. Les racines font référence à la terre, au territoire, à la famille, à la communauté, au corps, mais aussi à ce qui est sous terre, ce qui est caché et influence notre équilibre, la psyché ou le subconscient.

L'écologie radicale traite de tous ces sujets afin de démanteler les normes culturelles et politiques qui influencent et construisent l'écologie, c'est-à-dire, notre rapport à la maison. Ces fondements structurels déterminent la façon dont nos sociétés s'organisent ainsi que le sens que nous donnons à notre expérience terrestre. Ces réflexions politiques traversent de nombreux mouvements radicaux : féministes, anticolonialistes, anarchistes et queers. C'est donc à partir de ces traditions de résistance, que j'envisage de tirer des fils pour tisser une écologie dont le but est la libération de toustes et la transformation des structures politiques.

La logique de ma maison est celle d'une enfant de la diaspora nord-africaine, d'une squatteuse, d'une semi-nomade en camionnette, d'une folle franco-indigène et d'une gouine. Mon habitat est précaire. Globalement, je ne représente pas une exception car la précarité est la norme pour beaucoup de terrestres depuis la révolution industrielle. Elle épuise, suce le sang et nourrit le désespoir. Elle empêche de vivre et nous force à la survie. La précarité est une intention politique qui nous rend vulnérable à l'exploitation. Elle coupe les liens entre les individus, retire le sol sous nos pieds et nous intoxique. J'envisage l'écologie radicale comme une *ranimation* de nos liens : avec nous-mêmes, avec nos adelphes et avec le reste du Vivant. La ranimation – dans le sens de redonner vie, reconnecter, rendre l'énergie et reprendre conscience – est un processus politique qui nous rend notre capacité de choisir, de décider et d'agir, en tant qu'individu comme en tant que collectif.

Quels sont les mécanismes qui ont mené au désastre ? La critique écologique des dominants rapporte que les activités humaines ont détruit une grande partie du monde naturel et instauré des déséquilibres structurels. Les relations entre la nature et les humain·e·s semblent conflictuelles. Pourtant, cette manière d'habiter notre maison est récente dans l'histoire de l'humanité. Les conceptions de la nature évoluent dans le temps et dans l'espace, plusieurs coexistent, mais une vision domine dans les domaines politiques, scientifiques et économiques : celle héritée des croyances chrétiennes et de la perception scientifique des Lumières.

> *« Dieu les bénit, et Dieu leur dit: Soyez féconds, multipliez, remplissez la terre, et l'assujettissez; et dominez sur les poissons de la mer, sur les oiseaux du ciel, et sur tout animal qui se meut sur la terre »*[8].

Dans les dogmes abrahamiques, l'homme est au centre de la création et domine la nature. Dans la Bible, le dieu transcendant crée la nature et Jésus, son fils, la contrôle. Le monde vivant n'est alors qu'un décor pour l'existence des hommes.

Lors de la séparation de la religion et de l'état, cette conception de la nature ne disparaît pas, elle s'adapte au pouvoir séculier. L'idéologie au pouvoir s'ajuste aux besoins de marchandisation du système économique renforçant ainsi les croyances anthropocentriques tout au long de l'histoire du développement moderne.

On constate que, dès la seconde moitié du XVIIe siècle, en Europe et dans les colonies, l'élite des Lumières souhaite s'affranchir des contraintes du milieu naturel comme du destin dicté par dieu. L'existence humaine a un

---

8 Genèse 1:28

sens, une histoire, une trajectoire, celle du progrès et de la liberté : deux notions importantes de l'idéologie libérale. Le système capitaliste est mis en avant comme le système le mieux adapté à une société qui se veut moderne et libre. La science et l'état vont accompagner la société dans la concrétisation de ces valeurs.

La science de la fin du XIXe siècle va s'intéresser à la nature comme étant le domaine de tout ce qui est non-humain. Elle englobe ce qui existe de façon autonome, sans l'intervention humaine. La nature serait un tout distant, aux procédés mécanisés, organisé de façon hiérarchique. Vandana Shiva, activiste altermondialiste, appelle ce système « réductionnisme », car il « *réduit des écosystèmes complexes à une seule composante et cette unique composante à une seule fonction*»[9]. Cette vision répond aux besoins du capitalisme industriel et renvoie à une mécanisation des processus vivants. Elle fait partie intégrante de la construction des identités modernes où les individus sont classés par catégories et destinés à remplir des rôles précis dans la société.

> « *La nature, la société et le corps humain sont composés de pièces atomisées interchangeables qui peuvent être réparées ou remplacées de l'extérieur. La « solution technologique » répare un dysfonctionnement écologique, de nouveaux êtres humains remplacent les anciens pour maintenir le bon fonctionnement de l'industrie et de la bureaucratie, et la médecine interventionniste échange un cœur neuf contre un cœur usé et malade* »[10].

Dans son livre *La Mort de la Nature, Les femmes, l'écologie et la révolution scientifique*, Carolyn Merchant, historienne des sciences et écoféministe, retrace d'autres conceptions de la nature qui circulaient aux

---

9 Vandana Shiva, *Restons vivantes : Femmes, écologie et lutte pour la survie*, Rue de l'échiquier, 2022, p.92-100.
10 Carolyn Merchant, *Radical Ecology : The search for a livable world*, Routledge, 2005, p.47. Traduction de l'autrice.

XVI et XVIIe siècle dans les sociétés occidentales. La nature n'était pas perçue par toustes comme une extériorité morte, mécanisée et imprévisible, mais comme un organisme vivant dont les humain·e·s font entièrement partie. Dans cette vision organique, la planète et ses habitant·e·s forment un tout interdépendant et connecté qui ne place pas la catégorie humaine au centre et au-dessus d'un tout. Il persiste une conscience des cycles, des processus et des interactions entre les vivants. Cette idée de la nature est répandue dans les sociétés avant l'imposition du capitalisme où on retrouve souvent l'image de la terre conceptualisée comme une entité féminine.

La vision moderne d'une nature dominée et silencieuse affecte la façon dont les sociétés humaines s'organisent. La manière dont nous envisageons notre rôle au sein du Vivant détermine les valeurs de nos institutions :

> *« Les théories concernant la nature et la société sont historiquement interconnectées. La vision de la nature s'apparente à une projection des perceptions humaines du soi et de la société sur le cosmos. Inversement, les théories à propos de la nature ont toujours été interprétées comme contenant des implications sur la manière dont les individus ou les groupes sociaux se comportaient ou devraient se comporter »*[11].

Au moment où les mécanistes s'affichaient en tant que « *maîtres et possesseurs de la nature*[12]», les structures patriarcales et coloniales se sont renforcées. À l'époque moderne, la catégorie d'*homme libre* est réservée aux mâles européens. Ainsi, l'opposition nature/culture implique d'autres systèmes binaires comme celui du genre (masculin/féminin) et de la race (civilisé/sauvage). La vision mécaniste pose un paradigme sociétal qui

---

11 Carolyn Merchant, *La mort de la nature : les femmes, l'écologie et la révolution scientifique,* Wildprojet, 2021, p.125.
12 René Descartes, *Discours sur la méthode,* quatrième partie, 1637.

permet au pouvoir de justifier les féminicides (les « chasses aux sorcières »), l'esclavage, la colonisation et les écocides de masse. Ces entreprises d'extermination s'étendent depuis une même matrice idéologique qui structure l'habiter androcolonial[13]. Ainsi, dans le contexte de la modernité, l'exploitation et l'extermination des écosystèmes sont liées à celles des femmes et des colonisé·e·s.

Ce changement de paradigme d'une vision organique à une vision mécaniste s'est opéré lentement dans la société, en s'imposant par le haut. Il n'est pas le fruit d'une transformation des croyances populaires. Cette idéologie émanait du pouvoir et a été imposée en parallèle de changements culturels importants comme le passage d'une économie de subsistance à une économie de profit. L'économie de subsistance consiste à utiliser les ressources de l'environnement de manière à satisfaire d'abord les besoins essentiels. La vision mécaniste va inverser cette logique : les sociétés vont prélever des matières premières au-delà de leurs besoins pour générer du profit, sans laisser les espaces se régénérer. Cette saignée capitaliste va entretenir un rapport d'altérité et de tension. La détérioration à grande échelle et de façon irréversible est intrinsèque à l'émergence d'un système économiste et impérialiste qui enchaîne les conquêtes pour accumuler de nouvelles ressources. Générer du profit nécessite des relations inégalitaires, car le prélèvement de surplus s'opère par l'extraction, le vol et le travail forcé. L'exploitation n'est possible qu'en opérant une distance avec le Vivant, en le réifiant, en le transformant en marchandise. La nature et les autres sont alors perçu·e·s comme une accumulation de matière dévitalisée.

Le système esclavagiste a été à la base de la construction capitaliste. Ce

____

13 J'utilise le terme *androcolonial* pour établir un lien fondamental et visible entre le système patriarcal (andro-) et le système colonial opérants au sein de la modernité occidentale et capitaliste.

modèle économique de profit et d'accumulation par la déshumanisation a servi à la construction du marché global actuel. La période moderne du XVe siècle a vu émerger le commerce triangulaire, une économie basée sur la traite des noir·e·s africain·e·s qui a été centrale pour la construction de l'abondance européenne. La classe dominante s'est appropriée les corps qu'elle a assimilé à la nature. Les négriers embarquaient les captifs et captives transformé·e·s en esclaves vers les côtes américaines et les Caraïbes où ils et elles étaient vendu·e·s contre des denrées (or, café, coton, sucre, sel, etc) qui étaient ensuite consommées dans les pays européens. Dans le Code Noir (texte juridique du XVIIe siècle), Louis XIV établit que l'esclave noir qui travaille dans les champs est une chose possédée par le maître blanc, un bien meuble. Cette déshumanisation s'opère par l'élite, pour les besoins du commerce de la canne à sucre. Même après l'abolition des théories sur les races biologiques, d'autres domaines prendront le relais pour justifier l'infériorité des personnes noir·e·s et entretenir une culture qui maintient la supériorité de l'homme blanc.

La mort de la nature - ou dévitalisation du Vivant - est concomitante de l'instauration d'une hiérarchie sociale et d'une structure politique inégalitaire. Dans la vision mécaniste, le lien avec d'autres formes de vie est une faiblesse, un état de dépendance et d'infériorité duquel il faut s'extraire, à partir duquel il faut évoluer et contre lequel il faut se battre. Cette vision est restreinte à la défense des intérêts d'un groupe minoritaire qui nous empêche de vivre. La séparation avec le Vivant et la vision anthropocentrique font partie d'une fiction moderne qui sert l'économisme et les intérêts d'une catégorie qui s'impose comme sujet principal de l'histoire de la vie sur Terre.

Étymologiquement, le mot *écologie* est composé du grec ancien *oikos* (éco-), il désigne la maison patriarcale, les biens comptabilisés par le père :

maison, terre, bétail, femmes, enfants et esclaves. Le deuxième mot est *logos* (-logie). Il s'agit d'un discours que l'on porte sur la maison, mais pas n'importe lequel, un discours rationaliste et masculin. Dès lors, l'écologie radicale se distingue de l'écologie des dominants. Elle n'est pas la science qui maintient le maître dans sa demeure, mais l'art de le faire tomber en désuétude[14].

En tant que marginalisé·e·s, notre lien n'est pas avec le maître, nous n'avons aucun intérêt à intégrer sa logique et répéter son discours. Sa maison n'est pas le lieu de notre émancipation ni même de notre survie. Il est celui de l'exploitation et de l'aliénation qui exigent notre participation quotidienne. L'écologie des racines nous rappelle que la maison du maître a lié notre libération à celle du Vivant.

Thanatocène

La vision d'une nature morte a mené au désastre écologique et social, mais pour y mettre fin, nous devons être plus précis lorsque nous abordons le sujet des responsabilités humaines dans la destruction de notre maison. Le terme *anthropocène* est un mot issu du milieu scientifique des années 2000. Il rend compte de l'impact des activités humaines au niveau géologique : l'empreinte laissée par les humain·e·s sur la planète est si importante qu'elle constitue en soi une ère géologique perceptible à l'échelle de la vie de la planète. Les scientifiques datent cette détérioration à partir de la révolution industrielle, avec pour seconde phase la grande

---

14 « *(For) the master's tools will never dismantle the master's house* », Les outils du maître ne démantèleront jamais la maison du maître. Audre Lorde, *The Master's Tools Will Never Dismantle the Master's House*, 1984, dans *Sister Outsider: Essays and Speeches*, Crossing Press, 2007, p.110-114.

accélération du milieu du XXe siècle. Les problèmes proviendraient des technologies humaines et seraient remédiables en instaurant de nouvelles technologies. Le terme englobe une responsabilité à l'échelle de la civilisation humaine, de l'entièreté des groupes humains sans différenciation. Cette responsabilité partagée et réduite à une phase de développement techno-scientifique fait débat. Les sociétés humaines étant diversifiées, elles ont eu des impacts différents sur la planète et ne sont pas toutes égales dans leur exposition aux conséquences des destructions écologiques.

Le mot *capitalocène* pointe, lui, la responsabilité des systèmes capitalistes. Celle-ci étant liée au fonctionnement de la société industrielle et des industriels eux-mêmes, on parle d'*industrialocène*. Le terme *plantationocène* introduit par Anna Tsing souligne l'importance du système des plantations dans l'histoire capitaliste. On peut aussi mettre en évidence le pouvoir et l'impact des pays du Nord en parlant d'*occidentalocène*. Donna Harraway utilise *chthulucène* non pas pour poser un constat, mais pour penser une continuité terrestre inter-espèce, troublée et troublante, en dehors de la temporalité linéaire humaine. Le concept d'*androcène,* - abordé plus en détails dans le deuxième chapitre - quant à lui, explore la responsabilité masculine dans l'impact négatif qu'a eu la société industrielle sur le Vivant. Ces différents termes témoignent de critiques de plus en plus précises sur les responsabilités des destructions écologiques, mais aussi les positions sociales depuis lesquelles elles sont émises.

Dans cet essai, je traite surtout de *thanatocène,* en affirmant que nous sommes dans l'ère du règne de la guerre et de la mort[15]. Dans la mythologie grecque, Thanatos est la personnification de la Mort, fils de la

---

15 Terme emprunté à Christophe Bonneuil et Jean-Baptiste Fressoz pour souligner l'impact des guerres et de la technologie dans la destruction environnementale. Christophe Bonneuil, Jean-Baptiste Fressoz, *L'Événement anthropocène : la Terre, l'histoire et nous*, Seuil, 2016.

Nuit (Nyx) et frère jumeau du Sommeil (Hypnos), il a aussi une sœur Lyssa, déesse de la folie furieuse destructrice. La mort des écosystèmes passés, présents et à venir est aujourd'hui banalisée. Les morts s'empilent et les désastres se succèdent pendant que la majorité des individus est hypnotisée par le spectacle libéral. Notre réalité actuelle est la fiction onirique des dominants. Leurs rêves sont des cauchemars globalisés. Les dominants sont ceux qui ont les moyens politiques de les matérialiser. À travers la police, les militaires, la prolifération d'armes, de machines et de substances chimiques, les états et les industriels entretiennent un rapport belliqueux avec le Vivant et les Autres.

J'utilise donc le terme de thanatocène pour informer sur la fiction en cours et l'issue de son maintien : la mort des mondes. Nous sommes déjà dans un futur catastrophique[16]. Nous vivons encore dans la grande nuit de la colonisation[17]. La généralisation de la mort est inhérente au pouvoir totalitaire imposé par la force et entretenu par la guerre.

La guerre est un système binaire qui sépare et oppose les corps diurnes mécanisés et les corps nocturnes sauvagisés. Les corps diurnes sont des soldats aliénés par la croyance d'appartenir à une race supérieure et animés par le besoin de détruire les autres pour exister. Les actions qu'ils ont sur le monde les affectent aussi : ils doivent sortir de leur propre humanité, couper tout lien avec le Vivant.

---

16 Voir les rapports du GIEC, état des lieux le plus récent, mais il y a eu de nombreux rapports depuis celui du Club de Rome en 1972, *Les Limites à la croissance*. Voir aussi Richard Grove, *Les îles du Paradis. L'invention de l'écologie aux colonies 1600-1854*, La Découverte, 2013.
Le Groupe d'experts intergouvernemental sur l'évolution du climat (GIEC) est créé en 1988 par le <u>Programme des Nations unies pour l'environnement (PNUE)</u> et l'Organisation météorologique mondiale (OMM). Il rassemble 195 états membres.
17 Achille Mbembe, *Sortir de la grande nuit : essai sur l'Afrique décolonisée*, La Découverte, 2013.

« Croître ou mourir » est la maxime du progrès occidental, la sentence du thanatocène, une linéarité qui ignore les cycles vivants. La croyance en une croissance illimitée dans un monde limité, et au progrès inexorable des humains est un fondement quasi sacré, qui n'est jamais remis en question dans le contexte libéral. Notre société ne saurait quelle direction prendre si on l'empêchait de croître. En dehors du progrès, il n'y aurait pas de vie. Depuis les révolutions industrielles, la logique qui a mené à la détérioration de notre maison est celle du progrès technologique constant, qui doit absolument aller plus vite et plus loin, même s'il entre en conflit avec le maintien de la vie.

Au sein du thanatocène, la nature est une série de procédés mécaniques que la technologie peut reproduire. La modernité capitaliste est cette machine qu'il faut, par croyance, nourrir sans relâche. Dans sa gueule, les techno-sciences transforment le Vivant en ressources[18]. Elles coupent, pilonnent, isolent, abattent, dissèquent et épandent. Elles manipulent pour contrôler les processus, dissocier les interdépendances. Dans des domaines comme l'agriculture, la reproduction, la santé ou la gestion du climat, il semblerait que l'on tente de se passer des processus vivants, de les défier en les reproduisant en laboratoire. Le but n'est pas l'amélioration des conditions de vie, mais plus de rendement et moins d'imprévisibilité.

La scène de Thanatos est celle du capitalisme du désastre[19]. Elle s'élève sur des monticules de matières organiques et de ruines industrielles. Elle recense les féminicides, les colonisations, les esclavages, les génocides, les eugénismes, mais aussi les écocides, les exterminations d'espèces, les abattages industriels, les terres dévitalisées, les désertifications, les eaux

---

18 Carolyn Merchant, *Radical Ecology : The search for a livable world*, Routledge, 2005, p.8.
19 Naomi Klein, *La Stratégie du Choc : La montée d'un capitalisme du désastre*, Actes Sud, 2013.

asséchées, les déforestations et les zones mortes océaniques[20].

Le terme *thanatocène* fait écho à la notion de *nécropolitique* introduite par le philosophe post-colonial camerounais Achille Mbembe. Elle désigne le stade ultime de la souveraineté qui décide qui peut vivre et qui va mourir, où s'entre-tuer devient l'unique façon de faire de la politique.

Le système capitaliste et colonial ne tolère pas la concurrence. Avec la raréfaction des matières premières et les crises financières, loin de se remettre en question, il accentue sa domination. Pour l'économiste anti-impérialiste Samir Amine, nous sommes entré·e·s dans l'âge sénile du capitalisme.

> *« Or la sénilité en question n'est pas l'antichambre d'une mort dont on pourrait attendre tranquillement l'heure. Car tout au contraire elle se manifeste par un regain de violence par laquelle le système tentera de se perpétuer, coûte que coûte, fut-ce au prix d'imposer à l'humanité une barbarie extrême. La sénilité appelle donc les réformistes radicaux et les révolutionnaires à plus de radicalité que jamais »[21].*

L'auteur indien Amitav Ghosh pointe du doigt l'entreprise impérialiste qui consiste à soumettre politiquement et économiquement d'autres territoires et la relie à la guerre :

> *« Le capitalisme est un système contenu à l'intérieur d'un autre système encore plus violent, l'impérialisme. Lorsqu'on parle des émissions de gaz à effet de serre, on parle majoritairement d'avions, de voitures, de textiles, etc. Or, 25 % des émissions dans le monde proviennent d'activités militaires. À lui tout seul, le Pentagone est le plus grand émetteur de gaz à effet de serre au*

---

20 La mort de la nature devient une réalité dans l'océan. Les zones mortes sont des endroits privés d'oxygène où aucune forme de vie n'est possible. Ces zones de centaines de milliers de kilomètres carrées se multiplient.
21 Samir Amine, Le capitalisme sénile, *Actuel Marx*, 2003/1 (n° 33), p.101-120.

monde. Un seul jet supersonique, comme votre Rafale français, produit en quelques heures de vol plus d'émissions qu'une ville française »[22].

Début décembre 2021, la France annonce la vente historique de 80 Rafales et 12 hélicoptères Caracale aux Émirats Arabes Unis (E.A.U.).

« Nous avons une base aérienne aux Émirats arabes unis depuis laquelle nous faisons décoller les avions Rafale français qui vont lutter contre Daech en Irak et en Syrie. Nous avons aussi un régiment de l'armée de terre. Ensuite, il y a un produit, un avion haut niveau, une sorte de couteau suisse. Il fait à la fois du combat aérien, du bombardement, du renseignement, du ravitaillement en vol. (...) C'est un besoin de vendre des armes parce que cela accompagne des partenariats stratégiques et militaires et cela nous permet de pouvoir nous doter de sous-marins, d'avions de combat, de chars qu'on ne pourrait pas acquérir sans cela »[23].

En prétextant la lutte antiterroriste, les E.A.U. font la guerre au Yémen où des acteurs internationaux comme Total convoitent des ressources énergétiques[24]. La complicité entre la France et les E.A.U. est telle qu'un site détenu en parti par Total sert de base militaire et de prison à l'armée des E.A.U.

Ce mécanisme n'est pas unique et se retrouve dans plusieurs pays où sont engagés les forces armées et les intérêts économiques des pays du Nord. Il témoigne d'une façon d'habiter le monde qui associe la guerre à l'écologie via l'exploitation des ressources. Ce lien s'accentue en temps de désastre,

---

22 https://sciencepost.fr/lenorme-empreinte-carbone-de-larmee-americaine/
23 *Idem.*
24 https://www.connaissancedesenergies.org/situation-energetique-du-yemen-201117, Voir aussi le dossier de Médiapart sur la guerre au Yémen:
https://www.mediapart.fr/journal/international/dossier/notre-dossier-sur-la-guerre-au-yemen

dans plusieurs pays comme la Palestine, la menace terroriste sert de prétexte pour imposer une présence armée, faciliter l'exploitation industrielle et ôter la souveraineté aux populations indigènes. Les habitant·e·s du Sud parlent de *malédiction* qui s'abat sur les territoires qui disposent de ressources convoitées.

> *« La réalité, c'est que le monde se prépare aux changements climatiques, non pas en cherchant à les atténuer mais en se préparant à la guerre »*[25].

Écolonialités

L'histoire du capitalisme et des désastres écologiques qu'il engendre est intrinsèquement liée aux peuples exploités. Le confort occidental moderne dépend du maintien de la précarité dans le Sud global. La pensée décoloniale affirme que la modernité existe parce qu'il y a colonialité[26], elle est la face sombre de la société des Lumières. En effet, le progrès occidental n'a pas généré l'abondance, c'est le pillage qui l'a rendu possible. Il a pu y avoir surabondance et gaspillage dans une certaine partie du monde parce qu'il y a eu exploitation dans une autre partie du monde.

Le terme *écolonialité* souligne une continuité entre les politiques environnementales et les politiques coloniales. Les mouvements écologistes occidentaux – incarnés par les ONG, les politiques d'état, mais aussi les collectifs et associations - ont hérité des mécanismes et des

---

25 Amitav Gosh dans l'article de Brice Louver, https://sciencepost.fr/lenorme-empreinte-carbone-de-larmee-americaine/

26 Voir Anibal Quijano, « Race » et colonialité du pouvoir », *Mouvements*, 2007/3 (n° 51), p.111-118. Et Maria Lugones, « Toward a Decolonial Feminism », *Hypatia*, Vol. 25, No. 4, Fall 2010, pp.742-759.

pensées écoloniales.

L'esclavage et la colonisation ont profondément influencé les sociétés occidentales : en instaurant l'idée d'une race blanche supérieure et en modifiant le rapport au Vivant chez les occidentaux. L'histoire efface la mémoire des résistances à l'impérialisme et leurs liens avec le Vivant. Cela mène à construire l'écologie comme une préoccupation occidentale et moderne au sein de laquelle les racisé·e·s sont des objets silencieux et passifs. Dans les récits de l'écologie du Nord, les racisé·e·s ne sont que des paramètres, des jauges de la catastrophe et jamais des sujets politiques agissants et résistants avec des savoirs valides et des pratiques écologiques.

Les critiques émises depuis les colonies françaises actuelles (les Caraïbes, le Kanaky, la Françafrique et autres) sont inaudibles dans le champs de l'écologie politique française. Dans son livre *Une écologie décoloniale, penser l'écologie depuis le monde caribéen*, Malcom Ferdinand résume ces manquements :

> *« En France hexagonale, les mouvements écologistes n'ont pas fait des luttes anticoloniales et antiracistes des éléments centraux de la crise écologique. Celles-ci restent anecdotiques voire impensées au sein de l'abondante critique de la technique, y compris du nucléaire (...). Sont minorés les dommages causés par les essais nucléaires réalisés en terres colonisées à l'image des 210 essais français en Algérie puis en Polynésie de 1960 à 1996, mais aussi le pillage minier de l'Afrique par la Grande-Bretagne et la France, l'exploitation des sous-sols des terres des Aborigènes en Australie, des Premières Nations au Canada, des Navajos aux États-Unis et de la main-d'œuvre Noire pour l'uranium de l'Afrique du Sud de l'apartheid. Outre la transformation de l'Hexagone, l'énergie nucléaire française s'est appuyée sur son empire colonial, usant des mines au Gabon, au Niger et à Madagascar – usage prolongé à travers la Françafrique – tout en exposant les mineurs à l'uranium et au*

radon »[27].

Les missions de « civilisation », de « progrès », de « modernisation », de « développement » ou encore de « protection » sont des arguments phares de l'impérialisme. La décolonisation n'est pas que la disparition des structures de gestion administrative étrangères, elle implique la dénonciation de la métamorphose de l'impérialisme sous la forme d'organisations internationales comme le FMI et la Banque Mondiale qui imposent un modèle économique global[28]. Ces entités peuvent affirmer que les pays du Sud ont une mauvaise gestion des ressources pour justifier leur ingérence. En utilisant des préjugés racistes, elles contrôlent leur économie afin qu'ils répondent aux besoins des pays du Nord. Sur le marché global, les pays occidentaux dictent leur conduite aux pays subalternes. Le Sud est maintenu dans un état périphérique : c'est le lieu des guerres, de l'insécurité et de l'exploitation, tandis que le Nord demeure le centre décisionnel où s'accumulent le pouvoir et le capital. Entre les deux, il y a la frontière qui a pour but de maintenir cette différence.

Les écocides et les déséquilibres socio-économiques ont commencé bien avant que les pays du Nord se sentent menacés par le changement climatique. Les conséquences étaient cependant concentrées dans les pays du Sud, parmi les plus pauvres, ceux dont les intérêts politiques sont le moins représentés. La focalisation sur les émissions carbones et la montée de température – propre à l'écologie du Nord – n'a jamais été une revendication des pays du Sud. Ignoré des occidentaux, l'*Accord des Peuples* est un texte rédigé en 2010 lors d'une *conférence mondiale des peuples sur le changement climatique et les droits de la Terre-Mère*, il fait suite à de nombreuses initiatives internationales infructueuses comme le

---

27 Malcom Ferdinand, *Une écologie décoloniale : Penser l'écologie depuis le monde caribéen*, Seuil, 2019, p.13.
28 Déclaration pour la justice climatique,
https://progressive.international/wire/2020-06-22-climate-justice-for-africa/fr

sommet de Copenhague et la volonté des pays du Sud de s'organiser de façon autonome :

> « *Les corporations et les gouvernements des pays dits « les plus développés », avec la complicité d'une branche de la communauté scientifique, nous obligent à débattre du changement climatique comme un problème qui ne se limiterait qu'à une augmentation de la température sans remettre en question l'origine du problème qu'est le système capitaliste. (…) Nous sommes confrontés à la crise finale du système de la civilisation patriarcale basée sur la soumission et la destruction des êtres humains et de la nature, qui s'est accélérée avec la révolution industrielle »*[29].

Cette différence entre le Nord et le Sud est encore visible quand il s'agit d'essuyer les conséquences de la surconsommation. En terme de pollution plastique, *nous* avons créé l'équivalent de tout un continent composé de plastique. D'ici 2050, il y aura plus de plastique dans l'océan que de poissons[30]. Ce « *nous* » n'est pas anonyme, c'est Coca-Cola, « *champion du monde* » dans la production de déchets plastiques juste devant Pepsi[31]. De façon globale, les 1% des plus riches s'accaparent près de la moitié des richesses de la planète[32]. Un habitant des états-unis produit huit fois plus de déchets plastiques qu'un habitant de Chine. Si nous vivions toustes au

29 Extrait de l'Accord des Peuples, texte issu de la Conférence Mondiale des Peuples sur le Changement Climatique et les Droits de la Mère-Terre de Cochabamba (Bolivie), 2010. *Accord des Peuples*, voir les traductions: https://www.medelu.org/Accord-des-peuples et sur https://reporterre.net/Cochabamba-le-texte-de-l-Accord

30 *The New Plastics Economy: Rethinking the future of plastics*, https://ellenmacarthurfoundation.org/the-new-plastics-economy-rethinking-the-future-of-plastics

31 https://www.lemonde.fr/planete/article/2021/10/25/coca-cola-champion-du-monde-de-la-pollution-plastique_6099763_3244.html

32 https://www.oxfamfrance.org/inegalites-et-justice-fiscale/les-1-pourcent-les-plus-riches/

même rythme qu'un nord-américain, il nous faudrait les ressources de cinq planètes[33].

À l'international, la gestion des déchets est un exemple des rapports de pouvoir impérialistes et de leurs conséquences écologiques. Un des arguments pour envoyer les déchets électroniques au Ghana a été de « moderniser l'Afrique ». Sous prétexte de dons charitables, des tonnes de matériels électroniques sont exportées pour « aider les populations au développement ». C'est ainsi que les ghanéen·ne·s reçoivent des déchets qu'iells ne peuvent pas traiter et qu'iells n'ont pas produit. Tout comme au Kenya et dans plusieurs pays d'Afrique de l'Ouest et de l'Est, les subsaharien·ne·s se débattent avec le plastique et les déchets électroniques envoyés par cargos depuis l'Europe. Ils prennent la charge occidentale du recyclage en réparant ou en récupérant des matériaux pour les revendre à bas prix. Et quand cela s'avère impossible, iells subissent les conséquences des déchets durables.

En 1992, une convention internationale décide d'interdire l'exportation des déchets toxiques sans accord au préalable avec le pays destinataire. Ces pratiques s'étant généralisées, elles devenaient systématiques et prenaient de l'ampleur avec la surconsommation et la surproduction. En 2018, la Chine - en rapport de force économique - refuse les poubelles des états-unis qui se déversent sur ses côtes. En 2019, Yeo Bee Yin, la ministre malaisienne de l'énergie, des sciences, de la technologie, de l'environnement et du changement climatique déclare vouloir retourner 3000 tonnes de déchets à l'envoyeur. L'année suivante, elle renvoie 150 conteneurs soit 3737 tonnes de déchets plastiques illégaux aux pays du Nord dont 43 paquets surprises à la france. L'Indonésie, le Cambodge et les Philippines font de même.

____

33 https://www.lemonde.fr/planete/article/2021/12/06/pollution-un-americain-produit-huit-fois-plus-de-dechets-plastiques-qu-un-chinois_6104941_3244.html

Ces initiatives dénoncent les pays qui ne prennent pas la responsabilité de leurs déchets. Elles demandent aux consommateurs de le faire ou se débarrassent du problème en négociant avec des pays qui ont déjà du mal à gérer leurs propres déchets et n'ont pas le luxe du rapport de force pour refuser des arrivages souvent illégaux. En réalité, il n'y a pas de gestion globale des déchets, mais pollution délocalisée dans les pays du Sud. La transformation écologique implique une responsabilisation des industriels et des états. Une gestion globale impliquerait de sortir du mode de production industrielle moderne et de mieux comprendre les processus vivants :

> *« Si on conçoit la planète comme une masse de minéraux inertes, elle peut assurément fort bien s'accommoder d'un accroissement aussi insensé de la production d'ordures. Mais sûrement pas si on la conçoit comme un tissu vivant et complexe »*[34].

Que dire d'une société qui prône le progrès et la modernité, qui envoie des fusées dans l'espace, se vante de sa littérature, invente l'intelligence artificielle et la voiture électrique, mais ne parvient pas à gérer ses propres déchets ?

Inefériorisation et dépossessions

Les territoires colonisés ont été présentés comme des lieux chaotiques et négligés. Le régime colonial instaure une séparation nette entre la *nature indigène* et la *culture coloniale*. Le progrès occidental dépend de cette séparation et n'a pu être possible qu'avec l'instauration de la domination de la *culture* sur la *nature*. Les sauvages étaient l'incarnation en chair d'un

---

34 Murray Bookshin, *Compilation de textes*, p.18.

désordre à l'intérieur des individus qu'il fallait domestiquer et mettre à distance. Leurs émotions, leur rapport au corps, leurs habitudes, leurs coutumes, leurs différences physiques témoignaient d'une animalité qui rebutait les européen·nes et limitait l'accès à l'humanité des colonisé·e·s. « *Le monde colonial est un monde compartimenté. (…) ce monde coupé en deux est habité par des espèces différentes* »[35] . Et il doit le rester. Maintenu fermement en périphérie, aucun lien n'était possible, aucune association n'était envisageable, au risque de défaire le monde blanc et sa fiction. Ainsi, les frontières nature/culture permettent de définir ce qui est civilisé et ce qui est sauvage, ce qui est bon et ce qui est mauvais, ce qui domine et ce qui est exploité. Dans chacun de ces deux mondes, les règles sont différentes. C'est pourquoi les colonies serviront d'exutoire pour les colons. Des lieux en dehors de la maison, des sous-sols où ils peuvent laisser exploser leur violence sans être inquiétés des lois. Dans les colonies, il n'y a plus de règles restrictives.

> « *Le continent des merveilles devint pour certains l'exutoire d'une sauvagerie que refoulaient dans les limbes les nations civilisées. On se permit absolument tout sur ce continent : pillages, saccages de vies et de cultures, génocides (Hereros), viols, expérimentations scientifiques, toutes les formes de violences y connurent tranquillement leur apogée* »[36].

S'il pouvait y avoir blancheur et pureté sur certains corps féminins, c'est parce que d'autres recevaient toutes les immondices. Si certain·e·s malades pouvaient guérir, c'est parce que d'autres avaient servi de cobayes. Des corps considérés plus proches des « bêtes » que des humains étaient classés et exhibés, mis en cages, dans des « zoos humains »[37] ou dans les

---

35 Frantz Fanon, *Les damnés de la terre*, La Découverte, 2002, p.41-43.
36 Felwine Sarr, *Afrotopia*, Philippe Rey, 2016, p.10.
37 Voir *Zoos humains : De la Vénus Hottentote aux reality shows*, Sous la direction de Nicolas Bancel, Pascal Blanchard, Gilles Boetsch, Éric Deroo, Sandrine Lemaire, La Découverte, 2002.

fêtes foraines[38].

La décolonisation contient aussi des enjeux antispécistes dès lors que les personnes racisé·e·s sont renvoyé·e·s à l'animalité. Le rapprochement des indigènes - puis des femmes européennes et des personnes queers - avec les animaux permet ainsi au colon de justifier sa domination.

> *« En effet, la définition des femmes et des Noirs, marqués par la bestialité et l'irrationalité, était adéquate à leur exclusion du contrat de société implicite au salariat – en Europe, des femmes, et dans les colonies, des hommes et des femmes – et, en conséquence, à ce que leur exploitation soit naturalisée »*[39].

Cette infériorisation ne peut être possible que dans un système spéciste où les animaux non-humains sont déjà considérés comme inférieurs.

> *« Le spécisme désigne un système de domination bien spécifique, qui se fonde sur le critère de l'espèce, mais aussi sur celui de l'appartenance ou non à l'humanité. »*[40]

L'ensauvagement nous invite à tisser des liens avec les formes du vivant animalisées, plutôt qu'à vouloir intégrer la catégorie impossible et oppressive de l'homme blanc. En effet, pour se définir au sein d'un système binaire, le sujet occidental moderne a tendance à utiliser des figures repoussoir comme celle de l'animalité. Être humain revient à se distinguer des animaux, qui eux, seraient dénués de certaines caractéristiques nobles, comme la rationalité.

> *« Pour moi, si on veut vraiment détruire le suprémacisme blanc, le racisme et le colonialisme, on doit aller plus loin et faire en*

---

38 C'est le cas des personnes handies et de celles qui ne correspondent pas aux critères validistes et normatifs, qui sont, elles-aussi, animalisées.

39 Silvia Federici, *Caliban et la Sorcière : Femmes, corps et accumulation primitive,* Entremonde, 2017, p.365.

40 Vipulan Puvaneswaran, Shams Bougafer, Clara Damiron, *Autonomies animales : Ouvrir des fronts de luttes inter-espèces,* Michel Lafon, 2023, p.4.

sorte de détruire en même temps l'idée selon laquelle le statut d'animalité est à l'opposé de celui d'humanité. (…) C'est pour cette raison que je suis contre la stratégie qui consiste à « humaniser » les personnes racisées, en tant que groupes sociaux ou en tant qu'individu.es, ou à obtenir des protections pour les personnes vulnérables sur la base de leur humanité. (…) L'humanité, c'est donc simplement une manière conceptuelle de définir la blanchité européenne comme étant la manière idéale d'être homo sapiens. »[41]

L'animalisation des pratiques culturelles ou des racisé·e·s elleux-mêmes n'est jamais anodine. Elle active un mécanisme de déshumanisation qui autorise les saccages, ravive des plaies ancestrales et fait bouillir le sang dans les muscles des corps. Le système a changé de forme, mais les hiérarchies sont entretenues[42]. De la religion aux sciences dures en passant par la psychanalyse ou la théorie du choc des civilisations, le racisme colonial persiste. Les mémoires hantent. Les histoires n'ont pas été traitées. Les racines pourrissent sous le sol français.

Dans les politiques du désordre, « *se réapproprier l'animalité* »[43], devenir féral·e, être un·e fier·e animal·e est une stratégie d'émancipation pour celleux qui sont oppressé·e·s par le spécisme et le racisme. Nous pouvons forger des complicités radicales avec les animaux non-humains exploités, au lieu de prendre nos distances avec elleux. Se réapproprier l'animalité

---

41 Syl Ko et Aph Ko, *Aphro-ism : Essays on pop culture, feminism and black veganism from two sisters*, Lantern Books, 2018. Extraits traduits dans le zine des éditions Cafarnaüm, *Revendiquer l'animalité depuis une perspective décoloniale.* leseditionscafarnaum.noblogs.org

42 Pour les différentes formes du racisme depuis la colonisation et leur implication dans le système capitaliste, voir Saïd Bouamama, *Les Discriminations racistes : une arme de division massive*, L'Harmattan, 2010.

43 Comme le suggère Syl Ko, militante afroféministe états-unienne et végane, « *Nous devons aller au-delà des catégories raciales, et subvertir leur base même : la frontière humain/animal.* »

peut être une stratégie quotidienne pour guérir du racisme intériorisé qui nous interdit d'adopter des comportements et des habitudes qui ont été stigmatisés par le système colonial : notre façon de marcher, de manger, de danser, de chanter, de faire du bruit ou de parler.

La colonisation met en place des dépossessions, elle anéantit des mondes et arrache des racines, au sens propre comme au sens figuré. Elle ne tolère aucune concurrence. Les indigènes sont dépouillé·e·s de leurs territoires, et les terres sont vidées de leurs habitant·e·s. Les récits de leurs interactions sont avalés. En arrivant, le colon accuse les indigènes d'avoir des pratiques qui saccagent et détruisent l'environnement. L'intervention des occidentaux est alors présentée comme une entreprise de protection de la nature et une aubaine économique.

Parmi les bouleversements structurels et massifs de la colonisation, les colons imposèrent la propriété privée et la sédentarisation : des pratiques modernes essentielles à la mise en place du capitalisme. Le rapport à la maison interroge le rapport à la terre et à sa possession dans un contexte où la propriété privée est un fondement du capitalisme, une façon particulière d'habiter l'espace, de le privatiser, et forcément, d'en exclure d'autres. Sans elle, les richesses ne pourraient s'accumuler dans les mains des individus.

Questionner le rapport au Vivant nous conduit à expérimenter des alternatives à la propriété privée, car elle n'est pas l'unique façon d'habiter la terre. Sur le territoire algérien pré-colonial, 95% de la population vivait d'élevage et d'agriculture. Plus de la moitié étaient des nomades ou des semi-nomades que les français ont forcé à se sédentariser. La gestion coloniale empêche les individus de circuler, pour les recenser et les intégrer dans le système de travail. Les espaces ont aussi changé de statut : les montagnes, les plaines, les déserts, les forêts, les lieux de vie, de passage, de rites et de subsistance sont devenus des endroits d'approvisionnement et de stockage.

Dans un livre intitulé *Les mythes environnementaux de la colonisation française au Maghreb,* Diane K. Davis rappelle que les pratiques qui lient colonialisme et préservation de l'environnement sont anciennes. Les récits d'une nature en déclin dans le pays algérien se sont développés dès les débuts de la colonisation en 1830 et ont été largement instrumentalisés par les colonialistes à des fins politiques de conquête. À cette période, les français étaient influencés par l'Antiquité qui décrivait le Maghreb comme une région fertile, le grenier à blé des anciens romains.

Le récit décliniste colonial décrit les pratiques indigènes comme incompatibles avec l'entretien d'une terre fertile. Les Algérien·ne·s étaient qualifié·e·s de paresseux·ses, incapables d'exploiter rationnellement leur territoire. Les préjugés concernaient en particulier les pasteurs nomades arabes accusés de provoquer la désertification dans tout le Maghreb. Selon leurs estimations, il y avait trop d'Arabes et de chèvres dans le pays. Officiellement, le projet colonial avait pour but de rendre au territoire sa productivité d'antan. Seule une nation civilisée pouvait sauver ces terres en les aidant à retrouver leur « fertilité ». En réalité, le projet de l'Algérie colonisée était celui de la restauration du grenier à blé de Rome au profit de la france impérialiste.

Au début du XIXe siècle, les pratiques traditionnelles permettaient aux Algérien·ne·s de produire assez de céréales pour nourrir la population et exporter la moitié de leur production, dont une partie à la france qui s'était grandement endettée. La dispute autour de cette dette qui s'élevait à plusieurs millions de francs marqua le début des velléités de conquête. Il s'agissait bien de s'approprier les richesses du pays, non de lui venir en aide.

Au-delà du simple fait que les habitant·e·s ont vécu sur le territoire algérien en utilisant les ressources disponibles, il y a bien eu une surexploitation des sols en Afrique du Nord, mais dans la vision coloniale, elle était forcément due aux pratiques pastorales des Arabes nomades ainsi qu'à la tradition des brûlis. Ils n'envisageaient pas que les Romains puissent avoir dégradé les sols. C'est pourtant de cette période romaine qu'on date les débuts des dégâts dans cette région. De plus, l'armée qui pénétra en Algérie lors de la conquête s'imposa comme une force destructrice : massacres de tribus et d'animaux, saccages de cultures et destruction massive des arbres et des plantes[44].

Il y avait des pratiques de soin des forêts et des terres arides propres aux régions méditerranéennes et au Sahara, mais elles étaient considérées comme primitives et incultes par les colons. Les traditions indigènes sont importantes pour pérenniser les lieux de vie. Les premières législations les ont interdites, tout en privatisant les terres au profit des colons.

La détérioration des relations entre les indigènes et le système vivant fait partie intégrante du projet colonial d'effacement de l'autre et de soumission culturelle. Un tel déracinement a pu être mis en place en utilisant la terreur. Pour cela, le régime militaire s'est maintenu tout au long de la présence coloniale. Les discours dominants affirmaient que les cultures indigènes étaient inférieures et détruisaient la nature. La présence coloniale se donne alors pour mission de sauver cette nature en « déclin » et d'introduire une technologie qui fructifie, multiplie et rationalise l'espace. Le colon ordonne d'adopter ses outils, sa façon de cultiver, les noms qu'il donne aux choses et sa façon de manger. Il impose le travail d'extraction et change alors le rapport à la terre de l'indigène. Pour ce dernier, la colonisation consiste à tuer sa maison et à oublier comment il l'habitait.

Le pillage de l'Algérie servit de modèle à celui de la Tunisie et du Maroc. Il profite à l'administration française et aux grandes entreprises qui

---

44 Diana K. Davis, *Les mythes environnementaux de la colonisation française au Maghreb*, Champ Vallon, 2012, p.51-66.

pouvaient acquérir des ressources pour une somme modique. Durant l'ère industrielle, la france a épuisé son territoire, notamment ses forêts, pour le charbon, sans laisser le temps aux espaces de se régénérer. Par la suite, afin de répondre aux exigences de la modernité et du progrès, elle va se réapprovisionner à moindre coût, dans les colonies. L'impérialisme est un projet d'expansion du territoire pour ramener les richesses au centre, vers la métropole, à l'intérieur des frontières, dans la grande ville et dans la poche des commerçants bourgeois. Il permet, dans le même mouvement, de calmer les révoltes populaires au cœur de l'empire.

La présence occidentale dans les pays du Sud est encore de nos jours présentée comme une nécessité pour la préservation de l'environnement sous la forme du *colonialisme vert*[45]. Il s'agit d'une façon d'occuper l'espace pratiquée par les ONG et les associations chargées de « préserver la biodiversité ». Une des solutions proposées par les experts scientifiques occidentaux contre la « disparition de la biodiversité » est la création de *réserves naturelles*, un procédé colonial qui a débuté dès la fin du XIXe siècle et consistait à construire un territoire comme vierge et déshumanisé, un espace de retour à la nature pour les colons, interdit pour les indigènes.

Sur le continent africain, la colonisation crée les premiers parcs et réserves naturelles. Avec l'image des safaris, des grands animaux, des savanes et des plaines désertes, les hommes occidentaux domestiquent une nature sauvage qu'ils rêvent de dominer. Après les décolonisations, les organisations internationales prennent le relais de cette politique coloniale verte avec la complicité des états africains. Sous prétexte de préserver la faune et la flore, les communautés humaines, traditionnellement sur ces terres, vivant de façon nomade, semi-nomade ou sédentaire, sont chassées et les activités qui permettent leur survie sont interdites.

____

45 Dan Brockington, Rosaleen Duffy, Jim Igoe, *Nature Unbound: Conservation, Capitalism and the Future of Protected Areas*, Earthscan Ltd, 2008.

Dans *L'invention du colonialisme vert : Pour en finir avec le mythe de l'Éden africain*[46], Guillaume Blanc détaille le scandale d'une pratique répandue. Au nom de l'écologie, l'organisation WWF, *World Wide Fund for Nature*, chasse et persécute les Baka, communautés historiques des forêts tropicales du Congo et du Cameroun. En 2016, WWF est accusée *« de financer les campagnes militaires de l'État camerounais contre les habitants des forêts protégées dans le sud du pays »*. Trois ans plus tard plusieurs médias *« affirment que WWF forme et équipe les gardes qui frappent, violent et parfois abattent des femmes et des hommes accusés de braconnage. (…) ces exactions sont le lot commun de plusieurs parcs en Inde, au Népal, au Gabon, au Congo – bref, dans les anciennes colonies européennes»*.

L'Afrique compte plusieurs centaines de territoires sous une politique de préservation des pays du Nord. Des activités vitales de subsistance comme la chasse, l'élevage et les pratiques culturelles sont bannies sous prétexte de protéger l'environnement, alors même que les groupes n'ont pas de pratiques destructrices du milieu. L'organisation WWF fût dénoncée au même titre que l'entreprise française Rougiers, qui exploitait plus de 2 millions d'hectares de forêts dans quatre pays du continent[47].

La pression du marché et la pauvreté entretenue créent des conditions de guerre et d'anéantissement. Les pays du Nord importent en masse des matières pour répondre aux exigences du marché international. Avec la complicité des pouvoirs locaux, l'exploitation des territoires se poursuit.

Ce fonctionnement du marché global n'est pas une fatalité du système commercial. Samir Amine différencie *mondialisation* et *internationalisme*.

---

46 Guillaume Blanc, *L'invention du colonialisme vert : Pour en finir avec le mythe de l'Éden africain*, Flammarion, 2020.
47 https://www.jeuneafrique.com/539678/economie/filiere-bois-rougier-depose-le-bilan-et-accuse-lengorgement-du-port-de-douala-davoir-cause-sa-chute/

La première est une mondialisation libérale : une ouverture des frontières pour les marchandises et les dominants qui efface la souveraineté des peuples, dans une entreprise de pillage impérialiste. Au contraire, construire ensemble en négociant fait partie d'un projet internationaliste. La mondialisation n'est pas l'internationalisme tout comme la colonisation n'a jamais été un partage des cultures.

Les procédés coloniaux construisent des territoires comme des terres vierges, des lieux inhabités, vidés de leurs habitant·e·s. Au sein du thanatocène, les terres sont blanchies, aseptisées, les mémoires et la (bio)diversité ne disparaissent pas toutes seules, elles sont exterminées.

Chez les sujets (post-)colonisé·e·s, le lien à la terre est marqué par l'altérité, les barrières infranchissables de la propriété privée, les barbelés des frontières, les tranchées de la guerre aux ressources. Pour les diasporiques, il ne peut y avoir de lien paisible avec les territoires blanchis. Nous ne les habitons pas, nous les traversons, sans connaître de sentiment familier. Sans accès à la terre, il n'est pas possible de s'ancrer et de construire, ni même d'organiser son autonomie. Si nous y avons accès, ne serait-ce qu'un temps limité, notre présence est alors suspecte et devient menaçante. Sans racine, la menace de dévitalisation est constante. Nos liens avec le Vivant n'ont pas disparu, ils ont été brisé, comme la fierté et la rébellion. La dépossession de la terre, la coupure avec le Vivant, l'éclatement de la communauté et *in fine*, le détachement de son propre corps engendrent le manque d'autonomie politique. Cette dévitalisation fait partie intégrante du projet d'aliénation coloniale, celui qu'on appelle « modernité ». Ainsi isolé·e·s, nous sommes ignorant·e·s de notre propre puissance, plus facilement manipulables et vulnérables à l'exploitation.

Écologie immunitaire

Il existe une autre forme d'écologie que Malcom Ferdinand a qualifié d'*immunitaire,* une écologie qui envisage l'autre comme un « *élément pathogène et vicié qui doit être enlevé* »[48]. La nation est alors perçue comme un corps à défendre contre des « ennemis naturels » dont il faudrait limiter l'accès au territoire et la reproduction.

Je fais partie de cette immigration « problématique » : je suis basanée, sans emploi, je ne donne pas mon utérus à la matrice, et en plus, je suis malpolie. Issue de la première génération du côté de mon père tunisien et de la deuxième génération du côté de ma mère algérienne (mais qui compte?), je ne suis pas de celleux qui revendiquent leur appartenance à la nation française, bien au contraire. Les traumatismes coloniaux sont encore trop vivaces. Pourtant, ce pays m'a transmis sa contre-culture anarchiste et anti-autoritaire : je suis une mauvaise française, au même titre que de nombreux·ses anarchistes qui s'opposent à l'état et à la société de classes. Contrairement à mes parents et mes grand-parents, je suis une nuisance pour les républicain·e·s, comme les rat·e·s parisien·ne·s et les mouettes marseillaises : sans aucune reconnaissance vis-à-vis du « pays d'accueil », je ronge les morceaux de fromage qui traînent et je fouille les poubelles en émettant des cris inquiétants.

À l'opposé, il y aurait les « bon·ne·s immigré·e·s » : celleux qui relèvent le taux de natalité, mélangent leurs gènes, apportent une valeur multiculturelle à la france, ne parlent pas trop et font la queue pour des jobs pénibles et mal-payés. Si nous ne restons pas à cette place de dominé·e, de « sous-citoyen·ne », nous devenons forcément des menaces

---

48 Malcom Ferdinand, *Une écologie décoloniale : Penser l'écologie depuis le monde caribéen,* Seuil, 2019, p.111.

pour la nation. Nous perdons même le droit d'être ici. Peu importe le nombre de générations qui nous ont précédées, si nous ne jouons pas au bon sauvage, il faut dégager. Dans l'atmosphère fasciste et néolibérale, le sentiment de non-appartenance ne peut que grandir. Nous sommes alors pris·e·s dans un étau, entre le rejet français et les difficultés à trouver une autre maison. Les racistes ont beau nous renvoyer à un ailleurs qui serait notre « maison naturelle », elle n'existe pas.

En france, notre existence politique s'avère impossible, car elle nécessite notre participation au projet national (soi-disant démocratique). Or, l'état nationaliste français n'a pas été pensé pour nous, mais contre nous. En effet, cette structure politique limite l'accès aux ressources et au droit à une masse d'individus maintenue sous domination. Cela permet d'offrir des conditions de vie confortables à une minorité globale. L'émancipation politique des post-colonisé·e·s/racisé·e·s/exilé·e·s est incompatible avec l'état nationaliste et libéral, car elle nécessite de lutter contre la hiérarchisation, de démanteler le capitalisme, de désordonner la nation, en somme, de détruire l'état. Si nous revendiquons de rester ici et d'être libre, notre projet politique est forcément radical et décolonial.

L'état-nation est cette fiction qui permet à certain·e·s de dire « la france appartient aux français ». Il faut d'abord noter que, dans cette affirmation, la france n'appartient pas aux *françaises* : il s'agit d'un projet patriarcal qui exclue une grande partie des habitant·e·s du pays. En réalité, la france n'appartient pas aux français·e·s, pas plus qu'aux Algérien·ne·s ou aux Sénégalais·es. Si on prend en compte le pouvoir politique et économique actuel, elle est aux mains des capitalistes, des banquiers, des bureaux de conseils, des industriels, des chasseurs et des policiers. Principaux acteurs de la destruction des corps, des sols, des eaux, des écosystèmes forestiers et du Vivant en son entier, ils constituent une menace plus grande pour le pays que les racisé·e·s. La france appartient également aux propriétaires des médias, à ceux qui édictent les lois, vident les comptes publiques, habillent la police, utilisent l'armée pour défendre leurs industries, rasent les forêts, creusent les montagnes et plient les corps.

« *Si vous ne faîtes pas attention, les médias vous feront détester les opprimés et aimer les oppresseurs.* » disait Malcolm X. Si « l'immigration » n'était pas construite comme un problème, on se demande bien de quoi parleraient les médias et les politicien·ne·s français·e·s ? Le racisme colonial est un outil politique de la classe possédante. Il crée l'illusion d'une unité face à un ennemi qui cristallise tous les problèmes. Tandis que les classes populaires blanches blâment les racisé·e·s pour le chômage, et que les féministes blanches désignent les hommes noir·e·s et arabes comme des fléaux sexistes, le capitalisme et le patriarcat blanc sont préservés, l'attention populaire est détournée des inégalités économiques et du désastre écologique.

> « *On établit des frontières pour définir les lieux qui sont sûrs et ceux qui ne le sont pas, pour distinguer un nous d'un eux* »[49].

Parmi les racisé·e·s, les migrant·e·s sont les premières cibles des nécropoliticiens. Les frontières marquent la séparation entre sauvages et civilisé·e·s, entre exploitant·e·s et exploité·e·s, les limites d'un territoire qu'il faut défendre. Aux confins du territoire, le gouvernement déploie une grande partie de sa force armée et de ses technologies. De plus, la répression aux frontières et les politiques d'accueil se durcissent, en parallèle d'un discours écologique alarmiste : en septembre 2019, le rapport du GIEC sur les océans pronostiquait 680 millions de déplacé·e·s en conséquence de la montée des eaux d'ici 2100[50]. Cependant, les

---

49 Gloria Anzaldùa, *Terres frontalières : La Frontera. La Mestiza*, Cambourakis, 2022, p.56.
50 *Special Report on the Ocean and Cryosphere in a Changing Climate.* https://www.ipcc.ch/srocc/

déplacements des habitant·e·s vulnérabilisé·e·s ne sont qu'une partie visible des conséquences de la détérioration à grande échelle des écosystèmes. Plus nombreuses encore sont les personnes qui ne peuvent pas se déplacer ou qui n'arrivent pas à destination.

Les frontières sont des constructions idéologiques et instables, qui ne sécurisent rien. Au contraire, elles excluent toute notion de liberté et de sécurité pour celleux qui sont du mauvais côté du capitalisme. Elles empêchent la constitution de refuges, endiguent les processus de soin et de transformation. Quand les politiques nationales rejettent la présence de personnes exilées, elles refusent à une catégorie d'individus vulnérabilisés, déjà présente sur le territoire, l'accès aux besoins élémentaires : se loger, respirer, manger, se protéger du froid et de la chaleur et se défendre contre les agressions. L'intérêt même des frontières est de distribuer le droit de vivre de manière inégalitaire.

Les frontières créent des conditions de précarité et d'exploitation : elles assurent la mise à disposition d'une main-d'œuvre vulnérable et permettent de garder un marché de l'emploi en tension, ainsi que de bas salaires pour les travailleur·euse·s nationaux·ales. En effet, l'arrivée constante de personnes dénuées de droit sur le sol français profite aux patrons et aux classes supérieures, disposant ainsi de personnes précaires pour travailler à moindre frais. Si l'exploitation coloniale est permise et structurée par l'état[51], l'antiracisme « moral » est insuffisant, car il dénonce les « méchant·e·s racistes » sans s'attaquer aux structures de la domination raciale. À l'opposé, le projet décolonial réclame une transformation

---

51 Pour aller plus loin sur les liens entre capitalisme et migrations voir Sarah R. Farris, *Au nom des femmes, «fémonationalisme»: les instrumentalisations racistes du féminisme,* Syllepse, 2021 ; Saïd Bouamama, *Des classes dangereuses à l'ennemi intérieur : Capitalisme, Migrations, Racisme,* Syllepse, 2021 ; Pierre Tevanian & Jean-Charles Stevens, « *On ne peut pas accueillir toute la misère du monde* » *: En finir avec une sentence de mort,* Anamosa, 2022.

radicale de la société, qui implique de se débarrasser du modèle capitaliste et du concept d'état-nation.

Au-delà des barrières nationales, nous pouvons tisser des complicités politiques, car les changements profonds que nous devons opérer, d'autres les ont déjà effectués avant nous, de façon plus ou moins forcée et violente. Dans des contextes moins privilégiés, de nombreux·ses exilé·e·s ont traversé les dégâts écologiques, la pénurie ou la guerre. La destruction de leurs maisons est intrinsèquement liée au quotidien des français·e·s, puisque les conséquences de l'extractivisme bénéficient aux occidentaux·ales. Les situations d'exil sont corrélées aux systèmes politiques que les pays du Nord soutiennent, instrumentalisent ou combattent. Dès lors, l'accueil est une responsabilité collective, un pan important de la lutte décoloniale : c'est une solidarité politique radicale entre racisé·e·s. Tant que les habitant·e·s du Sud ne sont pas libres, les descendant·e·s de la colonisation sur le sol français ne le seront pas non plus.

Les luttes décoloniales ont introduit la notion de *dette écologique* qui instaure la responsabilité et la redevabilité des pays du Nord envers les pays colonisés, mais aussi envers les générations futures et envers la planète elle-même[52]. À ce titre, la france fait partie des pays qui se sont enrichis sur la spoliation des ressources des pays du Sud et l'exploitation de la force de travail de ses habitant·e·s. Les siècles d'esclavage, de colonisation et d'extractivisme - que l'histoire nationale tente d'effacer – ont permis d'enrichir les caisses de l'état et des générations d'industriels. De plus, les luttes anticoloniales et celles des travailleurs·ses immigré·e·s ont structuré les politiques et mouvements sociaux en france, plus que certain·e·s ne voudraient l'admettre.

Nous avons le droit d'être ici : ce n'est pas une évidence que l'ethnicité et

---

52 Voir le Comité pour l'abolition des dettes illégitimes : https://www.cadtm.org/

la religion définissent les habitant·e·s d'un territoire. Aussi, les français·e·s blanc·he·s ne peuvent lutter contre le capitalisme sans les post-colonisé·e·s, car nos expériences de l'exploitation coloniale mettent en lumière les nombreuses facettes de ce système économique. Iells ont besoin de nous pour se débarrasser de la gangrène nationaliste, pour redéfinir un système de gouvernance qui ne sera pas basé sur le pouvoir patriarcal et la fiction raciale. Et puis, iells ne savent pas épicer leurs plats correctement, ni vivre dans les ruines. Nous sommes indispensables à leur survie dans un empire en chute libre.

Se déplacer est une stratégie de survie et d'adaptation liée à notre condition terrestre. Sous l'angle colonial, ces phénomènes courants deviennent problématiques et menaçants dès qu'ils concernent les corps racisés – les blanc·he·s, elleux, peuvent circuler sans être perçu·e·s comme des poids pour les pays qui les accueillent[53]. Seule la mobilité des basané·e·s exploitables est contrôlée, limitée et contenue, tout comme leur capacité à se reproduire. Ce traitement différencié se manifeste tout particulièrement dans la volonté des occidentaux de contrôler la natalité dans les pays du Sud.

L'écologie immunitaire affirme qu'il y aurait des limites au nombre d'humain·e·s sur Terre. Elle se traduit politiquement par le contrôle des naissances et l'élimination des individus qui seraient en surnombre. Cela explique notamment l'indifférence généralisée des médias et des politiques occidentales envers l'extermination des personnes racisé·e·s, que ce soit les Palestinien·ne·s, les mort·e·s au Soudan et au Congo ou encore la disparition des femmes indigènes sur le continent américain. Certaines vies seraient moins importantes que d'autres.

Les discours environnementalistes abordent fréquemment la question de la surpopulation. Ils questionnent, entre autres, la capacité du système

---

53 Iells ne sont pas des migrant·e·s, mais des « expatrié·e·s ».

agricole à nourrir une population mondiale en augmentation. C'est ce qu'affirmait Thomas Malthus, un penseur anglais du XIXe siècle. De même, selon Paul Ehrlich, un biologiste américain, ce qui mène le monde à sa destruction, c'est la « surnatalité ». En 1968, il écrit *The Population Bomb*, appelant à une intervention des politiciens pour limiter la croissance démographique. Quand les occidentaux parlent de surnatalité, ils désignent les Africain·e·s et les Asiatiques. Laure Noualhat est une journaliste et une écologiste française qui résume bien la pensée coloniale en matière de natalité. Elle soutient le mouvement GINK (*Green Inclinaison No Kids*) qui met en avant l'ultime geste écolo individuel : ne pas faire d'enfant. En juin 2020, sur le site web *Wedemain*, elle déclarait :

> *« Il faut regarder la réalité en face. Il y aura en 2050, 100 millions de personnes en moins en Europe et 3 milliards d'Africains en plus : un Terrien sur trois sera Africain ! Explosion démographique d'un côté, avec des conditions de vie terrifiantes qui pousseront des peuples à fuir pour survivre, et vieillissement des populations de l'autre, dans les pays riches ! Le Japon consomme aujourd'hui davantage de couche-culotte pour les adultes que pour les bébés ! La solution passe par des politiques de dénatalité en Afrique, et d'anticipation du vieillissement avec recours à une immigration choisie en Europe »*[54].

Les propos racistes de cette journaliste ne sont pas isolés : les discours sur la surpopulation mondiale se résument souvent à des stéréotypes coloniaux et sexistes. En 2017, au G20, on pouvait entendre Emmanuel Macron discourir tel un gestionnaire d'entreprise sur le ventre des femmes africaines, en affirmant que *« le défi de l'Afrique est différent, il est beaucoup plus profond, il est civilisationnel. (...) Quand des pays ont*

---

[54] https://www.wedemain.fr/societe-economie/https-www-wmaker-net-wedemain-laure-noualhat-vs-noel-mamere-la-terre-peut-elle-nourrir-11-milliards-d-humains_a4745-html/, Consulté le 16/12/2020.

encore sept à huit enfants par femme, vous pouvez décider de dépenser des milliards d'euros, vous ne stabiliserez rien »[55]. Le refrain n'est pas nouveau. En 2016, Nicolas Sarkozy parlait de la peur de disparition des classes bourgeoises blanches.

> *« La civilisation européenne se sent devenue minoritaire. La démographie fait l'Histoire, et non le contraire. Voici ce qui explique notamment les interrogations européennes. L'axe du monde est clairement passé vers l'Afrique et l'Asie. Il nous faut réagir, ou on disparaîtra »*[56].

Il faut rappeler que l'Afrique est un continent de 30 millions de kilomètres carrés. On pourrait additionner les superficies de la Chine, des états-Unis, de l'Inde et d'une grande partie de l'Europe qu'il resterait encore de la place. Si l'on joue le jeu d'une démocratie proportionnelle mondiale, son poids politique est redoutable pour les impérialistes. Sans oublier que le continent, qui a survécu à des politiques massives d'extermination, paie encore les conséquences des systèmes esclavagistes et coloniaux.

> *« La traite négrière a interrompu la croissance de la population en Afrique occidentale pendant deux siècles. (...) La part de l'Afrique dans la population mondiale (Europe, Afrique, Moyen-Orient et Nouveau Monde) chuta de 30% à 10% ; de 1600 à 1900 »*[57].

Dans les pays africains, les taux de natalité baissent constamment depuis les années 60. En 2020, une étude du planning familial a révélé que les « femmes africaines » faisaient en moyenne 4,7 enfants, sans prendre en compte les chiffres très variables d'un pays à l'autre et l'échelle du

---

[55] https://www.lemonde.fr/afrique/article/2017/07/12/pour-la-france-le-vrai-defi-civilisationnel-envers-l-afrique-est-simple-ne-plus-rien-faire_5159511_3212.html, consulté le 16/12/2021.

[56] https://www.lexpress.fr/actualite/politique/lr/pourquoi-nicolas-sarkozy-se-passionne-t-il-pour-la-demographie_1821703.html, consulté le 16/12/2021.

[57] *Idem,* p.53-54.

continent. Bien qu'elles soient de plus en plus nombreuses à utiliser des contraceptifs, près de la moitié des femmes ont des grossesses non-désirées. Les chiffres ne disent pas qu'un million de nouveaux-né·e·s meurent chaque année sur ce même territoire, de maladies qu'on guérit en Europe. Pourtant, l'empire français s'est régulièrement plaint de surpopulation dans ses colonies. À tel point que, dans les années soixante, bien que l'avortement et la contraception soient interdits en métropole, ils sont pratiqués dans les territoires colonisés sans le consentement des femmes.

> *« En juin 1970, un scandale éclate à l'île de la Réunion : des milliers d'avortements sans consentement auraient été pratiqués par des médecins, qui auraient prétexté des opérations bénignes pour se faire ensuite rembourser par la Sécurité sociale »*[58].

Puisque les bébés ne se font pas encore dans les usines, le contrôle de la natalité implique le contrôle des corps des femmes. Certaines femmes feraient trop d'enfants, d'autres n'en feraient pas assez. Le « problème » est traité par les politicien·ne·s comme s'il s'agissait de réguler la production de viande de bœuf pour le marché global. D'un côté, l'impérialisme met la pression sur les femmes du Sud pour contrôler leur "hyper-fécondité", de l'autre, il encourage les femmes blanches à procréer. De plus, les politiques étatiques régulent ou limitent les droits à l'avortement et à la contraception, même dans les pays où elles sont autorisées, ces pratiques demeurent en effet cadrées, monopolisées par l'état, mais aussi moralisées et menacées.

Ainsi, début 2024, le président de la république française s'engage à lutter contre l'infertilité et relancer la natalité. Il promet même un « réarmement démographique » de la nation. Les pays du Nord sont perçus comme

---

58 Françoise Vergès, *Le ventre des femmes : Capitalisme, racialisation, féminisme,* Albin Michel, 2017, p.9.

vieillissants avec un taux de natalité faible. Les conservateurs dénoncent alors une forme de « déclin civilisationnel ». En 2020, l'inquiétude se chiffre par le ministre de l'éducation nationale, Jean-Michel Blanquer :

> *« Il manque entre 40000 et 50000 enfants par an depuis 2013 pour assurer le renouvellement de la population. C'est très grave si cela continue. L'enjeu est démographique, mais aussi territorial, car ce déficit se constate particulièrement dans les zones rurales »*[59].

La théorie de la « bombe démographique » fait partie de l'arsenal raciste et des mensonges étatiques pour contrôler les corps. Elle interprète des situations socio-économiques par le prisme culturel. Elle affirme qu'il y a un déséquilibre de population dangereux contre lequel il faut prendre des mesures importantes. Ces politiques s'immiscent dans celles d'autres pays pour stigmatiser les plus pauvres et faire pression sur les états afin qu'ils baissent leur taux de natalité.

Le contrôle de la procréation est une obsession patriarcale et coloniale, au fondement de la politique impérialiste. L'état et les industriels décident quels corps peuvent se reproduire et vivre en sécurité. En parallèle, les résistances ont toujours existé : dans plusieurs contextes, les femmes réclament l'autodétermination et les moyens d'assurer leur autonomie dans le domaine de la santé et de la reproduction[60]. L'autonomie et l'auto-organisation sont redoutées par le pouvoir car elles rendent les communautés indépendantes. Les femmes sont tout-à-fait capables de

---

59 https://www.bfmtv.com/politique/gouvernement/les-francais-font-de-moins-en-moins-d-enfants-macron-veut-relancer-la-dynamique-de-la-natalite_AN-201904260006.html, consulté le 16/12/2021.

60Voir Loretta Ross, *Radical reproductive justice : Foundation, theory, practice, critique*, First Feminist Press, 2017. Loretta Ross est une universitaire et militante féministe afro-américaine, dont les sujets de prédilection sont l'histoire afro-américaine et la justice reproductive.

réguler elles-mêmes la natalité, si elles n'étaient pas privées de moyens matériels et de leur liberté de choisir. Les questions de justice reproductive et sexuelle nous forcent à interroger le monopole de l'état sur les techniques de reproduction et les processus vivants en général.

Utopies sauvages

Dès les débuts de son instauration, l'ordre mécaniste a connu de la résistance, en particulier parmi les classes exploitées dont l'autonomie était menacée. Carolyn Merchant a exploré la multiplicité des visions de la nature qui existait en Europe durant la période médiévale. Parmi elles, on retrouve une « *utopie organique et révolutionnaire* » portée par les paysan·ne·s et les artisan·e·s. Iells souhaitaient « *un renversement total de l'ordre social établi ainsi que son remplacement par une communauté égalitaire* »[61].

Dans *Caliban et la Sorcière*, Silvia Federici, universitaire et militante féministe, nous rappelle que plusieurs modes de pensées s'affrontaient durant la période de l'inquisition. Les résistances envers le changement de paradigme qui a mené à l'exploitation capitaliste étaient alors qualifiées d'hérésies.

> *« L'hérésie populaire était moins une déviation par rapport à la doctrine orthodoxe qu'un mouvement de contestation, aspirant à une démocratisation radicale de la vie sociale. L'hérésie était l'équivalent de la "théologie de la libération" pour le prolétariat médiéval. Elle fournissait un cadre aux revendications de*

---

61 Carolyn Merchant, *La mort de la nature : Les femmes, l'écologie et la révolution scientifique*, Wildprojet, 2021, p.137

rénovation spirituelle et de justice sociale populaires, défiant à la fois l'Église et l'autorité séculière au nom d'une vérité supérieure. Elle dénonçait les hiérarchies sociales, la propriété privée et l'accumulation de richesses, et elle propageait une conception nouvelle, révolutionnaire, de la société qui, pour la première fois au Moyen Âge, redéfinissait tous les aspects de la vie quotidienne (travail, propriété, reproduction sexuelle, et la position des femmes), posant la question de l'émancipation en des termes vraiment universels»[62].

Pour dominer les classes populaires, l'église devait détruire leur autonomie, les liens communautaires et la vision organique qui dominait. Les déviant·e·s et hérétiques, cibles du pouvoir, représentaient un monde qu'il fallait exterminer pour laisser place à une nouvelle organisation de la société. Pour le mécaniste, la sorcière représente cette nature désordonnée que l'ordre patriarcal cherche à contrôler.

> *« L'interrogation des sorcières comme symbole de l'interrogation de la nature, la salle d'audience comme modèle pour son inquisition et la torture au moyen d'outils mécaniques comme outils servant l'assujettissement du désordre furent fondamentales à la méthode scientifique comme forme de pouvoir »*[63].

La particularité de la sorcière est que sa puissance (ses connaissances des procédés vivants) et son pouvoir (ses liens avec la communauté) sont plus redoutés que contestés. Pendant la période de l'inquisition (du XVe au XVIIIe siècle), l'accusation de sorcellerie recouvrait plusieurs crimes politiques, religieux et sexuels commis envers l'église, l'état et la communauté. Les sorcières étaient aussi bien accusées de déclencher des catastrophes naturelles (tempête, tonnerre, grêle saccageant les récoltes)

---

62 Silvia Federici, *Caliban et la Sorcière : Femmes, corps et accumulation primitive*, Entremonde, 2017, p.66.
63 Carolyn Merchant, *La mort de la nature : Les femmes, l'écologie et la révolution scientifique*, Wildprojet, 2021, p.260.

que de semer le désordre sexuel et de tuer des enfants. Elles étaient des agents du désordre, car elles portaient des idées et des pratiques qui favorisaient l'autonomie des classes populaires et en particulier celle des femmes à un moment où l'église cherchait à contrôler le genre, la sexualité et la procréation, mais aussi les territoires et les biens communaux (*enclosures* en anglais).

L'étape de démantèlement de la concurrence idéologique et matérielle en Europe a été importante dans la construction des catégories hommes/femmes et humain/nature. En massacrant les sorcières, les mécanistes effaçaient le rapport organique des humains avec le Vivant et les savoirs liés à cette façon d'habiter le monde. Les chasses aux sorcières étaient des entreprises d'anéantissement des corps, des relations, des idées, des pratiques et des mythologies. Les procès en sorcellerie menèrent à la précarisation des femmes au sein du nouveau régime et à la mise sous contrôle de leurs corps.

Les croyances et pratiques pré-chrétiennes qui persistaient dans les territoires ruraux ont été diabolisées. Parmi elles, les expressions de genre et pratiques sexuelles dites déviantes ont été qualifiées d'hérésies. « *Tandis que les prêtresses ont été transformées en sorcières, les queers chamanes ont été transformés en hérétiques* »[64]. L'accusation d'hérésie couvrait aussi bien les transgressions dans l'habillement que la sexualité entre personnes du même genre.

L'histoire de Jeanne D'Arc, célèbre figure du milieu du XVe siècle semble confirmer le lien entre les sorcières et les queers ainsi que la menace qu'iells représentaient pour les institutions au pouvoir. Bien qu'elle soit glorifiée par la droite nationaliste française et canonisée par les pères de l'Église, l'histoire de Jeanne D'Arc la rapproche plus d'une héroïne du

---

64 Arthur Evans, *Witchcraft and the Gay Counterculture,* Fag Rag Books, 1978, p.33.

désordre qu'une militante catholique vierge et patriote. Dans une période de troubles sociaux, elle leva une armée de paysan·ne·s pour repousser les troupes anglaises. À 19 ans, elle se démarqua en tant que cheffe de guerre. Capturée et remise à l'église par les Anglais, elle fut brûlée vive pour son lien avec les traditions païennes et pour avoir porté des vêtements masculins. Ses éléments l'ont condamnée en tant qu'hérétique, mais surtout, l'adoration que lui portaient les paysan·ne·s constituait une menace politique sérieuse pour l'église. Une hérétique qui soulève des armées et propage des traditions païennes ne pouvait que troubler l'ordre religieux[65].

La vision organique est une vision entretenue par de nombreuses sociétés pré-capitalistes en dehors de l'Occident. Les écologies du Sud global sont irriguées de croyances spirituelles qui témoignent de systèmes écologiques anciens.

En Inde, les Adivadasi ne font pas de distinction entre la communauté et le Vivant. Iells ont une conscience accrue des interdépendances :

> *« Bien loin d'une vision anthropocentrée qui considère l'eau, la forêt, l'atmosphère et les animaux comme étant au service de l'homme, notre façon de voir le monde et notre environnement est cosmo-centrée. »[66].*

Certaines luttes d'émancipation des femmes du Sud investissent des visions alternatives et pré-coloniales du Vivant. Elles dénoncent l'habiter occidental qui leur est imposé. Ces résistances s'inscrivent dans la revalorisation de cultures que le système colonial tente de détruire depuis les débuts de la colonisation.

Vandana Shiva utilise le concept de *Pakriti* pour mobiliser les indiennes

---

65 Voir Leslie Feinberg, *Transgender Warriors: Making History from Joan of Arc to Dennis Rodman*, Beacon Press, 1997.
66 Mohammed Taleb, *L'écologie vue du sud : Pour un anticapitalisme éthique, culturel et spirituel*, Sang De La Terre, 2014, p.47.

dans la lutte contre le système agro-industriel. Prakriti n'est pas le concept de « nature » moderne occidental, mais se rapproche de celui de matière primordiale en mouvement, qui contient toute chose, un principe d'équilibre. Prakriti n'est ni inerte ni extérieure aux humains : elle est une force agissante. L'individu et la nature ne sont pas séparés : « *Ils sont indissociables et complémentaires* »[67]. Cette vision du monde implique que les femmes indiennes – et les femmes du Sud en général – sont elles aussi agissantes et non pas des victimes à sauver[68].

Depuis le début des années 90 et face à l'échec des sommets pour le climat organisés par les pays occidentaux, plusieurs mouvements écologiques, en particulier en Amérique du Sud, appellent au démantèlement du capitalisme et à une transformation de nos rapports au Vivant et entre humains.

> « *Nous invitons les peuples du monde à la récupération, la revalorisation et au renforcement des connaissances, des pratiques et savoirs-faire ancestraux des Peuples Autochtones, confirmés dans l'expérience et la proposition du « Vivre bien », en reconnaissant la Mère-Terre comme un être vivant, avec lequel nous avons une relation indivisible, interdépendante, complémentaire et spirituelle* »[69].

Dans les contextes anticolonialistes, l'enjeu est de sortir de l'aliénation coloniale afin de trouver des alternatives viables au sein des cultures indigènes car l'écologie y est intrinsèquement liée à une économie de subsistance, des savoirs pratiques et des croyances spirituelles. Il ne s'agit pas de présenter des traditions « exotiques » comme idéales et parfaites,

---

67 Vandana Shiva, *Restons vivantes : Femmes, écologie et lutte pour la survie*, Rue de l'échiquier, 2022, p.118.
68 *Idem*, p.129.
69 *Accord des Peuples*, traduction en français: https://reporterre.net/Cochabamba-le-texte-de-l-Accord

mais de revaloriser ce que la modernité a disqualifié et de s'en inspirer afin de répondre aux exigences de notre contexte. Pour les rationalistes, la notion de « caractère sacré » des éléments naturels est un concept « primitif » et « naïf », contraire aux exigences de la modernité. Pourtant, à l'heure actuelle, les délires les plus menaçants sont entretenus par la croyance au progrès et à l'individualisme.

Le sauvage n'est pas restreint à la « nature sauvage », extérieure et lointaine. Il est aussi présent dans le paysage urbain et sur les lèvres des politicien·ne·s. La distinction moderne/sauvage se retrouve au quotidien dans les médias, elle structure l'économie, le social, les émotions et les désirs.

« *Il faut stopper l'ensauvagement d'une partie de la société* » déclarait le ministre de l'intérieur français fin juillet 2020 dans une interview. Face à la violence de la société civile, il promet un renforcement de l'autorité de l'état : plus d'argent pour son ministère et davantage de présence policière. Il parle d'une « *crise de l'autorité* » à laquelle il faut remédier par le bâton[70]. Il se place dans la continuité du parti d'extrême droite de Marine Le Pen qui, en 2013 dénonçait « *un ensauvagement de notre nation* », trop de délinquance et une « *une violence gratuite qui se déclenche au hasard* » qui dépasse les limites de la raison, une barbarie, comparable au « *terrorisme* »[71]. L'affirmation d'une telle menace sert alors à réaffirmer les hiérarchies sociales et à imposer des outils sécuritaires.

Avant la période moderne, les sauvages inquiétaient déjà les autorités. Iells étaient celles et ceux qui vivaient dans les bois, les ermites, les vagabond·e·s, quelques formes de brigands ou de nomades solitaires. De

---

70 https://www.lefigaro.fr/politique/gerald-darmanin-il-faut-stopper-l-ensauvagement-d-une-partie-de-la-societe-20200724
71 https://www.liberation.fr/france/2013/02/16/marine-le-pen-denonce-un-ensauvagement-de-notre-nation_882308/

nos jours, la signification est à replacer dans le contexte postcolonial. En france, si le mot « race » n'est plus politiquement correct, les politiques raciales n'ont pas disparu. La race a son champ lexical et sa mécanique d'action. On parlera plutôt de « délinquants », de « jeunes de banlieue », de « barbare », d' « ensauvagement », de « terroriste » pour parler des postcolonisé·e·s de classe populaire, pour qui l'on prévoit un traitement spécial, différencié. Cette forme de pouvoir qui s'abat d'abord sur les « ennemis de l'intérieur » tend à s'étendre aux mouvements anticapitalistes[72].

À l'image des sauvages, la « nature » apparaît dans les médias et dans l'esprit des politiciens comme menaçante et imprévisible. Actuellement, l'état libéral gère les problèmes écologiques de la même façon que les revendications sociales, par l'antagonisme et la brutalité. Il n'est pas question de négocier, que ce soit avec le peuple ou avec la nature. Au contraire, l'exploitation s'accélère et les violences s'accentuent. Avec les désastres écologiques et la chute du capitalisme, plus la « nature » apparaîtra inquiétante aux dirigeants, plus ils renforceront leur domination.

Le colonialisme est une expropriation terrestre fondamentale. Il signifie physiquement, mentalement, spirituellement, intellectuellement à des individus qu'ils ne peuvent pas habiter le monde, à moins de l'habiter en esclave, en colonisé·e·s, en dominé·e·s, en exploité·e·s. Il efface jusqu'au souvenir d'une autre façon d'être.

C'est pourquoi la décolonialité englobe l'écologie et va au-delà. Elle défait les fictions primordiales. La race comme le genre ne sont pas des données naturelles pourtant ces fictions structurent notre existence. Nous avons besoin de la décolonialité en tant que pensée globale qui prend en compte

---

72 Voir Mathieu Rigouste, *L'ennemi intérieur : La généalogie coloniale et militaire de l'ordre sécuritaire dans la France contemporaine*, La Découverte, 2011.

les spécificités de chacun·e et nous rende la possibilité de faire-monde, de créer plusieurs mondes. La décolonialité est la tentative de reconstruire des histoires détachées de l'histoire occidentale, des histoires intimes, décentralisées, locales, forcément hybrides et critiques.

Parce que je suis perçue comme femme, maghrébine et prolétaire, la « *culture* » voudrait que j'ai un lien particulier avec la « *nature* ». Ce lien est celui d'un corps qui doit baiser, enfanter et nettoyer. Un corps animal, qui, s'il n'est pas soumis, devient menaçant. Mon cuir mérite d'être battu. Il est sale de nature. Il enveloppe des organes malades, secoués par des émotions violentes. Ma position sociale me rapproche de la nature comme un corps que le système cherche constamment à taire et mettre au travail. Chaque tentative de sortir des rangs, chaque explosion rebelle qui émane de moi est perçue comme une démonstration bestiale, une tornade, un tremblement de terre, une anomalie systémique, une tentative de destruction de l'ordre naturel des choses.

Une des stratégies envisageable lorsqu'on est renvoyé·e à la nature sauvage contre son gré, est de s'en éloigner le plus possible, de raser le moindre poil, aplatir ses boucles, se blanchir la peau, ne plus émettre de son guttural, mettre tout en œuvre pour arracher ses racines, vider les remèdes sorciers dans les toilettes, prier le dieu adéquat, entrer à l'université et de se marier avec un homme blanc. Seulement, cette stratégie ne fonctionne pas. Nous ne pouvons plus nous permettre d'être des « hommes civilisés » ou de singer les colons. L'intégration dans le thanatocène ne permet pas de survivre, elle rend les individus complices du désastre. Les revendications des dominé·e·s sont vouées à être rejeté·e·s violemment, comme on se débarrasse d'une nature débordante et sauvage. Le pouvoir ne peut être partagé puisqu'il repose sur la domination des autres.

Dans les quartiers populaires, les espaces sont discordants, ils ne sont pas gérés par la communauté qui les habitent, mais par un pouvoir extérieur qui applique une politique urbaniste autoritaire ciblée. Le quartier n'est pas sans mythe, sans légende ni sans nature. Il a ses rongeurs, son annuelle bataille de marrons, ses coins à orties, ses buissons de ronces taillées à ras et ses champs de maïs transgénique au sol sec. Mon quartier d'enfance avait son écosystème, mais le seul cycle dans lequel je me sentais profondément inscrite était le cycle scolaire et le calendrier « laïque » : il dictait les saisons, les moments de travail et de repos.

Lorsque je retourne dans mon ancien quartier, l'espace est défraîchi. Il y a moins de verdure, plus de voitures et de nouvelles barrières. À travers le policier, l'androcolonialité[73] doit pouvoir balayer le quartier d'un simple regard. À présent, l'espace est marqué d'impossibilités. La mobilité est cadrée. La nouvelle structure réduit le fouillis indigène afin d'améliorer la visibilité et la circulation de la police. L'ordre androcolonial dans les quartiers populaires comme dans les forêts impose une rationalisation de l'espace et un sens de circulation qui discipline les corps comme les esprits de ses habitant·e·s. Les territoires sont quadrillés pour rassurer les chasseurs et les cowboys. Les traits et les angles marquent la volonté de domestication et d'intégration dans le capitalisme. Le quadrillage empêche les fuites, les rodéos, les courses poursuites, les rencontres et les jeux. L'espace dominé interdit les esprits rebelles de penser en dehors des structures du maître et oblige à marcher droit, il empêche toute escapade buissonnière.

À l'inverse, les espaces sauvages sont une insulte à cet ordre. Ce sont des chemins tortueux où les voitures s'embourbent, des rochers sur lesquels les drones viennent se fracasser, des jungles noueuses sans signal GPS, des montagnes impraticables et des ruines occupées. Les sauvages s'adaptent, fusionnent avec les espaces jusqu'à s'y confondre. Les histoires de résistance sont souvent des histoires de fuite et de camouflage au sein

---

73 Voir la définition dans la partie *Écologie radicale*.

d'éléments naturels, l'art de « *se confondre avec le milieu dans lequel nous évoluons jusqu'à s'y évanouir* »[74], des récits de collaboration avec le Vivant, qui, tout hostile qu'il puisse paraître, s'avère un lieu de refuge. La forêt transforme les esclaves en marrons et les queers en sorcières, la montagne fait muter les indigènes en révolutionnaires, tandis que l'océan change les exploité·e·s en pirates.

Dans son œuvre poétique et philosophique, *La sagesse des lianes*, Dénètem Touam Bona nous enseigne l'importance du lien entre les résistances au colonialisme et les enchevêtrements du Vivant :

> « *Dans les Amériques et les îles de l'océan Indien, le rapport de soin à la terre est intimement lié chez les Afrodescendants à l'héritage des « nègres marrons » à l'usage libérateur de la forêt comme refuge, comme espace de camouflage et de reconstruction de soi. C'est à l'orée du XVIe siècle, sur l'île d'Hispaniola (actuelle Haïti/Santo Domingo), que le terme « cimarron » (racine du français « marron ») est employé pour la première fois : il désigne alors l'animal domestique qui s'est enfui pour retourner à la vie sauvage. Par extension, les colons qualifièrent les esclaves fugitifs de « negros cimarrones ». Le marronnage est donc un processus de dé-domestication qui puise son souffle dans l'indocilité même du vivant* »[75].

Lae sauvage est celle ou celui qui habite la forêt (*silva* en latin), cet espace dangereux qui évoque les forces désordonnées et dévorantes de la nature. Lae sauvage n'a pas de maître. Iell s'est débarrassé·e du poison des civilisateurs et pourtant, iell les connaît intimement. Iell est physiquement et symboliquement loin de la civilisation, là où il est plus facile d'imaginer des alternatives et de mettre en place des utopies. Ce sont parfois les seuls lieux résistants par nature au capitalisme : ils ne sont pas exploitables ; ils

---

74 Dénètem Touam Bona, *Cosmopoétique du refuge : Tome 1, Sagesse des lianes*, Post-Editions, 2021, p.47.
75 *Idem*, p.14.

sont difficiles à aborder ou sans intérêt pour l'ordre androcolonial. Ce sont ces endroits et ces corps que nous désirons investir, ceux qui rebutent par leur désordre, leur laideur et leur dangerosité apparente.

L'ordre mécaniste nous pousse à croire qu'une société sans autorité - représentée par l'état, le père, le mari, le colon, le religieux et le scientifique - glisserait dans le chaos. Tout comme une nature sauvage, sans intervention humaine serait dangereuse ou menacée. Pour les sauvages, le désordre est la vision organique du Vivant composée d'êtres interdépendants et intelligents qui recherchent l'autonomie et la réalisation de leur plein potentiel. Nous pouvons trouver ici et maintenant un intérêt politique à l'extension et la redéfinition de la catégorie sauvage. Dans nos écotopies, la catégorie sauvage est étendue à celleux qui habitent et perpétuent le désordre, par conviction et/ou par nécessité. La civilisation occidentale ayant construit les catégories *humain* et *nature* en relation avec les classes populaires, les personnes racisées, les femmes et les personnes déviant·e·s, iells incarnent le désordre. Avec elleux, circulent d'autres visions du monde qui font concurrence à l'idéologie dominante. Les sauvages affirment qu'il est possible de s'organiser en dehors de la domination des uns sur les autres, sans la propriété privée et la marchandisation. Chaque fois que nous désobéissons, nous semons le désordre, nous détruisons leurs rêves.

La vision mécaniste du monde opère en reconfigurant les individus et les territoires selon ses besoins. Au sein de cette culture, les catégories sont nécessaires pour naviguer et les modes relationnels sont des dispositifs imposés. Les politiques du désordre luttent contre le projet de l'individu fonctionnel dans la société capitaliste, à qui on ordonne de se libérer de la tradition, de couper ses liens avec ses ancêtres, le monde invisible, la terre et l'imaginaire pour devenir une machine à produire.

L'androcolonialité assimile nos politiques radicales à des projets irrationnels et impossibles, car « *le travail du colon est de rendre impossible jusqu'aux rêves de liberté du colonisé* »[76]. Si par malheur, les rêveurs·ses viennent à s'éveiller, alors la violence contre-révolutionnaire les empêche physiquement de prendre part aux décisions collectives. Dès lors, imaginer est notre première tâche politique. Par quoi remplacer l'ordre capitaliste ? Que désirons-nous à la place ? Quelles sont les alternatives ?

Pour celleux qui habitent le désordre, les utopies sont plus que des exercices littéraires. Leur création est inhérente à la survie, un travail collectif qui fait des allers-retours constants entre théories et pratiques. Ici, les rêves ne sont pas séparés du réel, ils configurent les possibilités. Les utopies sauvages sont des tentatives de sortir de la fiction dominante aride qui récupère les idées révolutionnaires pour les vider de leur essence transformatrice et nous les renvoyer à la gueule comme des bonbons chimiques multicolores. Enracinées dans la connaissance du passé, elles font le lien entre les rêves et la mémoire. Elles peuvent prendre la forme d'expérimentations concrètes ou éphémères, parfois, elles sont mal documentées, mais on ne saurait nier leur impact révolutionnaire.

Alors, le travail des sauvages est de briser les fictions coloniales, de pénétrer chaque brèche pour y instaurer de nouveaux mondes. Dans ces bulles de résistance, un air non vicié peut circuler. Notre sang irrigue des organes endormis. Les idées circulent au sein de réseaux souterrains. La résistance est potentiellement partout. C'est précisément ce qui fait la force du désordre : on ne sait pas par quel bout le prendre. Il repousse même si on lui coupe la tête. Il ne dépend pas d'un seul élément. Il est imprévisible et multi-forme. Et dès lors que nous l'avons expérimenté, nous savons qu'il est une réalité possible et désirable. Les utopies sauvages (re)construisent des mondes où les sujets anéantis gagnent de la puissance et participent à l'histoire.

---

76 Frantz Fanon, *Les damnés de la terre*, La Découverte, 2002, p.89.

Embrasser le désordre et la sauvagerie peut s'apparenter à une tactique risquée, celle d'entrer dans un espace vulnérable, une virée à contre-sens, en proie à des émotions parfois confuses. Mais, ici, l'assimilation au Vivant ne nous réifie pas, elle ne nous tue pas comme dans la maison du maître. L'état sauvage est déjà en nous. Nous avons tenté de le dompter, de lui fermer sa gueule, mais il est le témoin privilégié de notre désordre intérieur, la part massacrée qui tente de guérir notre lien avec la maison.

LE GENRE DU DÉSASTRE

« Il n'y a pas d'essence ; il n'y a que de l'histoire – de l'histoire vivante. »

Aimé Césaire

« S'accepter comme colonisateur, ce serait essentiellement (...) s'accepter comme privilégié non légitime, c'est-à-dire comme usurpateur. »

Albert Memmi

Masculinités plurielles

J'ai longtemps désiré et admiré la masculinité, mais je n'aimais pas les hommes. Il m'a fallu du temps pour décrypter le genre et le pouvoir à partir de mes désirs subtilement tordus. Au sein de la communauté transpédégouine, j'ai pu séparer la domination patriarcale de la masculinité. En la détachant des corps cisgenres, mâles, blancs et hétérosexuels, je l'ai manipulée, décortiquée puis je l'ai investie. Elle demeure cependant un élément fragile et volatile, très corruptible.

Il n'y a que dans les communautés queers qu'on s'autorise un tel niveau de démantèlement et d'expérimentation. En dehors, les agents du patriarcat – à commencer par les hommes eux-mêmes - entretiennent cette association entre masculinité et domination. Dans leurs relations, ils imposent le masculin comme une métaphore du pouvoir[77]. Et dans la plupart des contextes, cela fonctionne. La confusion entre pouvoir, domination et masculinité relève d'abord de la responsabilité de ceux qui entretiennent cette confusion et s'acharnent à être des hommes.

Plus je tentais de comprendre le lien entre les hommes et le patriarcat, plus j'avais l'image d'une multitude de garçons qui jouaient à être des hommes. Et jouer à être un homme, c'est faire la guerre. Pour les marginalisé·e·s, l'exercice des masculinités au pouvoir est une expérience plus directe et plus menaçante qu'un feu de forêt, un virus, une inondation et toute catastrophe dite naturelle.

Lorsque la france a été confinée en mars 2020 pour des raisons sanitaires, je n'avais pas peur du coronavirus, j'avais peur de la police et de

---

77 « *Le blanc est une métaphore du pouvoir.* » *I am not your negro*, film de de Raoul Peck (2016), texte de James Baldwin.

l'installation d'un régime autoritaire. Au lieu de solidarité et de soin, les politiciens ont instauré « la distance sociale », un régime militarisé et le contrôle policier à tous les coins de rue. La façon dont le pouvoir étatique répond aux problèmes écologiques et sociaux est liée à la façon dont les hommes jouent à être des hommes.

Le lien entre écologie et masculinité a été exploré en février 2021 dans la revue *Nouvelles Questions Féministes*. Elle titrait *Androcène*, figurant en couverture du numéro l'image d'un homme blanc en costard cravate aux manettes de la destruction de la planète.

> *« Ainsi, ce numéro mobilise la notion d'Androcène afin de rendre visible ce que le monde académique ainsi que de larges fractions du mouvement écologiste, tendent à ignorer : le genre de l'anthropocène »*[78].

Oui, les désastres écologiques sont liés à des performances masculines hégémoniques. D'une part, parce que les décisionnaires politiques et économiques sont en majorité écrasante des hommes, et d'autre part, parce que la distanciation du Vivant et la domination font partie de la construction du genre masculin.

Le 30 mai 2020, les sociétés humaines sortaient progressivement de la période de confinement imposée par les politiciens lors de la pandémie de Covid-19. De nombreuses restrictions sont encore en place, mais l'homme le plus riche du monde n'en a cure. Elles ne s'appliquent pas vraiment à lui. Elon Musk ressent le besoin pressant de lancer une fusée à plusieurs milliards de dollars dans l'espace. Son ambition est de trouver une alternative viable à la planète Terre.

Au même moment, aux états-unis, des vagues de manifestant·e·s

---

78 Androcène. Numéro Spécial, *Nouvelles Questions Féministes*, n°2, vol. 40, 2021.

envahissent les rues des grandes villes. Iells protestent contre les violences policières. Un policier blanc a [encore] tué un homme noir. On peut lire les slogans « *Black lives matter* » et « *I can't breathe* ». Dans plusieurs villes du pays, les protestations se transformeront en révoltes.

Ces faits simultanés – le lancement d'une fusée dans l'espace et les révoltes populaires - ne sont pas les fruits du hasard, mais les résultats d'un système de distribution inégalitaire du pouvoir[79]. Ils nous donnent une vue d'ensemble des masculinités en contexte de désastre: tandis que des milliardaires blancs envoient des objets phalliques pour conquérir de nouveaux espaces, les hommes noirs de classe populaire sont maintenus au sol par d'autres hommes surarmés. Ce tableau nous montre que la classe des hommes n'est pas homogène. Elle est traversée par des hiérarchies et des interactions.

Selon la vision essentialiste, la masculinité est ce qui émane naturellement d'un corps muni d'un pénis et d'un certain taux de testostérone, identifié comme mâle à la naissance par les médecins. De cette biologie et de ce cocktail chimique découleraient des comportements que l'on retrouverait chez tous les hommes. La conception essentialiste de la masculinité - et du genre en général - est la vision la mieux partagée à l'époque moderne. Cependant, cette interprétation de la masculinité comme un fait naturel a été remise en question par la théoricienne Judith Butler, qui envisage le genre comme une performance dans un contexte culturel :

> *« Il n'y a pas "d'essence" qui exprime ou extériorise le genre ni d'idéal objectif auquel le genre aspire. Le genre n'étant pas un fait, il ne pourrait exister sans les actes qui le constituent. Il est donc une construction dont la genèse reste normalement cachée ; l'accord collectif tacite pour réaliser sur un mode performatif,*

---

79 Miriam Tola, *Voyage dans l'espace du (M)Anthropocène blanc avec Elon Musk*, Nouvelles Questions Féministes : Androcène, n°2, vol. 40, 2021, pp.68-83.

produire et soutenir des genres finis et opposés comme des fictions culturelles est masqué par la crédibilité de ces productions - et les punitions qui s'ensuivent si l'on n'y croit pas ; la construction nous "force" à croire en sa nécessité et en sa naturalité »[80].

Les perspectives queers féministes comprennent le genre comme une performance sociale en dialogue avec un corps. La masculinité n'est pas limitée à un type de corps et à une expérience corporelle unique. Comme l'analyse Jack Halberstam, dans son ouvrage *Female masculinity*, *« Les masculinités ne sont pas la propriété du corps masculin»*[81]. D'autres sujets politiques, d'autres corps incarnent des masculinités : trans, gay, lesbienne, prolétaire, noire, arabe, asiatique etc. Elles participent toutes à la fabrication du genre masculin et nourrissent ses représentations. Cependant, l'essentialisme va valider uniquement la masculinité quand elle est incarnée par ceux qui dominent la hiérarchie des hommes.

Si la masculinité n'est pas rattachée à un type de corps, qu'est-elle donc ? Parmi les théoricien·nes du genre, Raewyn Connell en donne une définition :

« la « masculinité », s'il était possible de définir brièvement ce terme, pourrait être simultanément comprise comme un lieu au sein des rapports de genre, un ensemble de pratiques par lesquelles des hommes et des femmes s'engagent en ce lieu, et les effets de ces pratiques sur l'expérience corporelle, la personnalité et la culture»[82].

La masculinité *en soi* n'existe pas. Elle est l'exercice d'une fiction par des

---

80 Judith Butler, *Trouble dans le genre : Le féminisme et la subversion de l'identité*, La Découverte, 2005, p.264.
81 Voir Jack Halberstam, *Female Masculinity*, Duke University Press, 1998, p.14.
82 Raewyn Connell, *Masculinités : Enjeux sociaux de l'hégémonie*, Amsterdam, 2014, p.72.

individus, associée à des pratiques, des comportements, des discours, un ensemble de techniques relationnelles. L'environnement dans lequel nous évoluons, ce que nous désirons, comment les autres nous perçoivent, ce que nous faisons pour (sur)vivre et les technologies à notre disposition influencent notre genre. La sexualité tout comme l'assignation raciale et le contexte économique interviennent également dans cette performance. Nous devons employer le pluriel lorsque nous parlons de masculinités, car plusieurs différences traversent la classe sociologique des hommes : pouvoir économique, racialisation, genre attribué à la naissance, sexualité, validisme. Il faut donc prendre en compte les rapports quotidiens que les hommes entretiennent avec d'autres hommes, précisément, dans le contexte postcolonial et capitaliste.

La masculinité est un modèle culturel imaginé, imité et reproduit par tous ceux qui veulent « être des hommes ». Or, ces pratiques induisent des rapports aux autres hommes, aux femmes, aux personnes queers, aux personnes racisées et au Vivant.

S'il est difficile de donner une définition simple de la masculinité, c'est aussi parce qu'elle s'élabore en opposition à la féminité dans le contexte occidental.

> *« La "masculinité" n'existe que par contraste avec la "féminité". Le concept de masculinité, dans son acception euroaméricaine, n'a de sens que dans les cultures qui posent pour principe que les femmes et les hommes ont des types de personnalité opposés »*[83].

Il y a un consensus culturel entretenu sur ce qui est masculin et ce qui est féminin : les chemises bleues pour les garçons, les robes roses pour les filles etc. Pour Aristote, *« partout où cela est possible et dans la mesure*

---

83 *Idem*, p.66.

où cela est possible, le mâle est distinct de la femelle »[84].

La masculinité est opposée à la féminité, dans le sens où elle se définit par rapport à elle. Lorsque le masculin est associé à la puissance (sexuelle), la force, l'autorité, la rationalité, la féminité est rattachée à la vulnérabilité, la douceur, le soin et les émotions.

Dans le contexte contemporain français, les masculinités blanches se définissent aussi bien en contraste avec les femmes blanches qu'avec les gays, les hommes noirs, les hommes arabes et les hommes de classes populaires. Les relations entre ces masculinités se sont institutionnalisées notamment par le biais de la police et de l'armée, dont le rôle est de maintenir les masculinités subalternes à l'écart du pouvoir. D'autres institutions scientifiques et médicales organisent les rapports de la domination masculine envers les femmes et les personnes queers, en promulguant des idéologies qui maintiennent une position inférieure dans la hiérarchie de genre et qui va pathologiser certaines performances. Une telle structuration du pouvoir masculin est liée aux histoires capitalistes, patriarcales, coloniales et esclavagistes au sein de l'état français.

En conséquence, les richesses matérielles et immatérielles accumulées par le système patriarcal ne sont pas divisées de manière égalitaire entre ceux qui sont perçus comme des hommes. Les féminismes noirs et décoloniaux ont mis en évidence la difficulté d'utiliser le concept de patriarcat en englobant les hommes dominés par le système raciste colonial.

Donc, le genre n'existe pas tout seul, mais en relation avec d'autres individus, dans un contexte traversé par une histoire et d'autres conceptions du genre qui entrent en concurrence, s'influencent ou créent des alliances. La performance de genre est jouée depuis une position sociale, par des individus qui possèdent leur propre expérience corporelle,

---

84 Aristote, *De la Génération des animaux*, entre 330 et 322 av. J.-C.

leur propre psychologie et sont traversés par les idéologies qui circulent dans la société. Il n'y a pas *une* masculinité, mais des masculinités qui interagissent, se soutiennent ou s'excluent. Selon les situations politiques, des modèles masculins associés au pouvoir émergent, c'est ce que j'appelle des *masculinités de pouvoir.*

Connell introduit un terme similaire : « *La "masculinité hégémonique" n'est pas un type de personnalité figé et invariant, mais la masculinité qui est en position hégémonique dans une structure donnée de rapports de genre, une position toujours sujette à contestation* », ou encore « *La masculinité hégémonique peut être définie comme la configuration de la pratique de genre qui incarne la réponse acceptée à un moment donné au problème de la légitimité du patriarcat* »[85].

Kathleen Starck et Birgit Sauer, quant à elles, étudient la « *masculinité politique* », en tant que masculinité qui « *englobe tout type de masculinité qui est construite autour, attribuée à et/ou revendiquée par des "acteurs politiques". Il s'agit d'individus ou de groupes de personnes faisant partie ou associés avec le "domaine politique", c'est-à-dire les politiciens professionnels, les membres de partis, les militaires ainsi que les citoyens et les membres de mouvements politiques revendiquant ou acquérant des droits politiques* »[86].

Ces masculinités sont importantes pour comprendre comment le pouvoir se reproduit et perdure, dans un contexte de « crise écologique ».

---

85 Raewyn Connell, *Masculinités : Enjeux sociaux de l'hégémonie*, Amsterdam, 2014, p.81.
86 Kathleen Starck et Birgit Sauer, *A Man's World? Political Masculinities in Literature and Culture*, Cambridge Scholars Publishing, 2014, p.6. Traduction de l'autrice.

Masculinité techno-libérale

D'après le magazine *Forbes*, Elon Musk est l'homme le plus riche du monde[87]. Miriam Tola a théorisé la masculinité qu'il représente sous l'appellation de *masculinité éco-moderne*[88]. Je ne reprends pas ce terme, mais je m'inspire directement de ces analyses. J'utilise plutôt l'adjectif *techno-libéral* pour souligner l'importance des outils technoscientifiques et de l'idéologie capitaliste dans la construction de cette masculinité.

Musk est le fils contrarié d'un exploiteur de diamants blanc sud-africain. Inventeur du bitcoin, actionnaire de Twitter, Tesla, Starlink et Paypal, il fait la promotion de l'intelligence artificielle et participe activement à la virtualisation de l'économie. À l'international, il est présenté comme un exemple de réussite libérale, un gestionnaire hors-pair, courageux et ambitieux, un génie un peu fou, dont les innovations promettent un tournant scientifique historique de nos sociétés.

Ses recherches sont orientées vers les solutions technologiques de la future humanité pour faire face au changement climatique : les technologies vertes comme les voitures électriques intelligentes, mais aussi la vie sur Mars comme alternative à la vie sur Terre. Il s'exprime fréquemment sur des questions environnementales et a pour ambition de sauver la civilisation. Il témoigne d'une des réponses les plus courantes de cette masculinité de pouvoir face au désastre : l'innovation technologique et l'élargissement du champs de conquête.

---

87 Ce titre lui est attribué en 2022 et les années précédentes. https://www.forbes.fr/classements/classement-exclusif-milliardaires-2022-elon-musk-devient-lhomme-le-plus-riche-du-monde-devant-jeff-bezos-le-francais-bernard-arnault-en-troisieme-position/
88 Miriam Tola, « Voyage dans l'espace du (M)Anthropocène blanc avec Elon Musk », *Nouvelles Questions Féministes : Androcène*, n°2, vol. 40, 2021, p.68-83.

Le libéralisme est une doctrine économique qui s'est construite dans un contexte androcolonial par et pour les masculinités blanches. Elle prétend que le capitalisme est le système le plus juste et le plus rationnel dans une société composée d'individus libres. Cependant, le libéralisme se base sur une certaine idée de la liberté, de l'individu et du progrès.

La liberté individuelle est considérée comme la valeur fondamentale. Les individus sont libres et maîtres de leur destin. Le libéralisme est le monde où tout est possible à condition de le vouloir et de se donner les moyens. Dans cette optique, les individus sont les seuls responsables de leurs échecs comme de leurs réussites, les contextes sociaux ne sont pas pertinents et les structures de pouvoir sont niées.

Pour garantir cette liberté libérale, il faut défendre la propriété privée et faciliter la marchandisation. Rien ne doit entraver l'entreprise, la démarche individuelle du progrès, car elle est un bien pour la société entière. Selon la doctrine libérale, la compétition des acteurs sur le marché engendrerait l'innovation et le progrès. L'enrichissement privé profiterait au développement de toustes grâce au ruissellement *naturel* de la prospérité des plus riches vers les classes travailleuses. Dans l'économie libérale, le marché - lieu de rencontre entre l'offre et la demande - se régule tout seul grâce à « la main invisible »[89]. En pratique, cette liberté est une somme de privilèges restreints à un groupe d'individus qui adoptent des comportements « prédateurs », où les meilleurs hommes d'affaires sont des « requins », où le monde de la finance est une « jungle ». Le capitalisme est envisagé comme un phénomène « naturel » de nos sociétés modernes, contre lequel il serait vain de lutter[90].

---

89 Concept qui fait étrangement penser à la main de dieu, ou à une loi « naturelle » voire un darwinisme social non assumé qui tend à être remplacé par l'intelligence artificielle.
90 « Il n'y a pas d'alternative. » Slogan politique attribué à Margaret Thatcher signifiant qu'il n'y a pas d'autre choix que le capitalisme.

Le libéralisme affirme la liberté de quelques-uns à exploiter la majorité. Ce que les capitalistes nomment « création de richesse » est un surplus volé au Vivant et aux subalternes. Ce mécanisme s'accentue en contexte de désastre[91]. Naomi Klein parle de *capitalisme du désastre*, une stratégie qui consiste à profiter des chocs traumatiques que subissent les populations – notamment après des catastrophes naturelles - pour engager des assauts contre leurs territoires et leur autonomie, avec la complicité des états :

> *« J'appelle capitalisme du désastre ce type d'opération consistant à lancer des raids systématiques contre la sphère publique au lendemain de cataclysmes et à traiter ces derniers comme des occasions d'engranger des profits »*[92].

En exigeant toujours plus d'exploitation, l'économie capitaliste crée des crises environnementales et sociales, c'est même là-dessus qu'elle repose, en tension avec les populations. Les situations de crise permettent d'appliquer des changements rapides en faveur des grandes entreprises, sans possibilité de retour en arrière et financés par des fonds publics. En france, par exemple, l'état républicain est une forme de gouvernement facile à influencer pour la classe capitaliste, en étroite relation avec la classe politique.

Selon cette doctrine, le masculin blanc domine l'échelle des humanités, il est un être supérieur, quasi-divin dont le destin serait de se défaire de sa condition naturelle. Le but des techno-sciences est alors d'accompagner l'homme blanc dans son dessein.

---

91 Selon un rapport d'Oxfam paru en janvier 2022, la fortune des hommes les plus riches du monde a davantage augmenté au courant de la seule année 2021 qu'en dix années consécutives. De même, la fortune des milliardaires français a grimpé de 86%. La crise sanitaire a profité aux plus riches.
https://www.oxfamfrance.org/rapports/multinationales-et-inegalites-multiples/
92 Naomi Klein, *La Stratégie du Choc, la montée d'un capitalisme du désastre*, Actes Sud, 2013.

La classe profiteuse bénéficie d'une technologie de masse à son service. Elle finance des médias, la recherche scientifique et influence la propagation de ses idées. Pour être validée, son idéologie s'étend au reste de la société, ce qui amène des catégories pourtant dominées par cette classe à l'imiter, à partager ses rêves et ses désirs, à lui être empathique.

Nous pouvons tracer les contours d'une technolâtrie et d'un scientisme émanant du pouvoir. Ils sont liés à la façon moderne et masculine de gouverner. La technolâtrie moderne voudrait qu'il y ait une solution technologique à tout problème, des réponses automatiques et miraculeuses, pourvu que nous ne « retournions pas en arrière », en particulier dans le domaine des énergies. Pour les libéraux, les nouvelles technologies permettent de continuer le système de conquête et de distanciation du Vivant. Assimilées à la société occidentale moderne, elles entretiennent la fiction de la supériorité raciale et civilisationnelle. Depuis le début de la révolution industrielle, la technolâtrie associe la technologie au progrès humain, cependant, les désastres révèlent tout le contraire : des milliers d'espèces disparues, des milliards d'individus massacrés, des écosystèmes ravagés, des cultures anéanties, des sols et des eaux dévitalisées. L'idéologie moderne du progrès s'appuie en grande partie sur la prétendue supériorité technologique des pays du Nord.

Même dans les milieux militants anticapitalistes, on peut entendre des affirmations scientistes : *nous croyons en la science*. Dans son ensemble, le domaine scientifique est perçu comme apolitique et dénué de rapports de pouvoir. Pourtant, l'histoire des sciences occidentales est parsemée d'horreurs, d'erreurs et de biais culturels dénoncés par les scientifiques eux-mêmes. Durant la période moderne, de l'inquisition à la colonisation, de la psychiatrie à la chirurgie, de nombreux scientifiques ont participé à des projets génocidaires et des tortures. Ils ont aussi été importants pour l'idéologie politique en apportant des « preuves scientifiques » de l'infériorité de plusieurs groupes humains. Les scientifiques modernes participent encore à des écocides en validant la diffusion de substances toxiques et polluantes en faveur des industriels, dans le domaine pharmaceutique comme dans l'agroalimentaire. Le domaine scientifique n'est pas hermétique à la politique et aux intérêts marchands. En tant qu'outil de domination des masculinités techno-libérales, les techno-sciences sont loin d'être neutres. Actuellement, elles servent les guerres impérialistes à travers le complexe militaro-industriel et la mise en place de sociétés de contrôle (voir plus loin).

Dans le domaine de l'écologie, les données du Vivant doivent être mesurées, chiffrées et validées par les scientifiques occidentaux pour être prises en compte. Le scientisme exerce un monopole du savoir auprès de l'état et des industriels qui invalident toutes les autres formes de connaissance supposées irrationnelles ou teintées d'idéologie. Les solutions adoptées par les états pour répondre aux problèmes écologiques (et à un nombre croissant de problèmes de société) émanent d'industriels et d'entreprises privées qui prétendent résoudre les conflits par l'innovation scientifique et l'introduction de nouvelles technologies tout en faisant des profits. En parallèle, les autres types de solutions sont rejetées. Toutes les formes d'expériences et de savoirs populaires et indigènes sont niées.

L'écologie serait une affaire d'évolution, de progrès et d'adaptation. De cette idéologie découlent les OGM, la voiture électrique, la géo-ingénierie ou encore l'intelligence artificielle. Cependant, les problèmes systémiques auxquels nous sommes confrontés ne trouveront pas de solution dans l'apport de nouvelles technologies. Nous pouvons envisager qu'à certains problèmes, les solutions ne soient pas technologiques mais relationnelles, qu'elles ne soient pas massives mais personnalisées et localisées. De plus, ceux qui ont créé le problème peuvent-ils vraiment le résoudre ? L'incapacité politique à changer de système économique ne relève pas d'un manque de compétence technique ou de savoir scientifique, mais de croyances dominantes au sein de la culture industrielle et d'intérêts politiques assumés. La croyance sans l'analyse politique est la soumission à l'idéologie dominante. Les techno-masculinités entretiennent une foi aveugle et une dépendance vis-à-vis des techno-sciences.

Elon Musk est l'exemple type du capitaliste qui a bâti sa fortune grâce aux subventions étatiques. Il est l'apôtre du solutionnisme technologique et un personnage clé des industries Tesla qui fabriquent des voitures électriques dans le but de « combattre » le réchauffement climatique. Pour lui, «*Le changement climatique est la plus grande menace à laquelle l'humanité est confrontée au cours de ce siècle »*[93]. Avec la voiture électrique, le génie milliardaire passe pour un précurseur de l'industrie verte, censée polluer moins et permettre de réduire les émissions carbone.

En plus d'être probablement la plus grande arnaque du XXIe siècle, la voiture électrique est un exemple de réponse techno-libérale et masculine au problème écologique des émissions carbones. La transition écologique des capitalistes se concentre sur la réduction des émissions de CO2 et la mise en place d'un système d'énergies dites vertes et renouvelables. Pour cette masculinité, sortir des énergies fossiles marque l'entrée dans une nouvelle ère. Elle prouve qu'elle est capable de changer sa forme d'exploitation tout en étendant son marché. Pour elle, la transition énergétique est l'occasion d'introduire de nouvelles technologies dans la société en étant soutenue financièrement par les états. Rien qu'en france en 2020, sur les 100 milliards de budget gouvernemental, c'est 30 milliards d'euros qui ont été dédiés à la transition écologique dans les domaines du transport, de l'industrie-énergie et du bâtiment-logement[94].

---

93 https://www.forbes.fr/environnement/quelle-est-la-position-delon-musk-en-matiere-de-lutte-contre-le-changement-climatique/
94 https://www.ecologie.gouv.fr/france-relance-transition-ecologique

La voiture est un objet intéressant en raison de son importance dans la culture industrielle et populaire, où il est d'ailleurs courant de comparer la voiture d'un homme à une compensation virile. L'objet recèle de nombreuses significations dans le contexte d'un futur technologisé et d'une masculinité qui cherche à affirmer son pouvoir. Elle représente la réussite sociale, la mobilité, mais aussi le progrès civilisationnel. De plus, l'industrie automobile est importante dans l'émergence du capitalisme et de son expansion :

> *« Elle est un emblème du capitalisme, mettant en scène à la fois des conditions de travail et de production, cristallisant l'exploitation des ressources naturelles à l'échelle planétaire, aussi bien pour sa construction que pour sa mise en mouvement, et incarnant le récit du progrès technologique infini, source de progrès social. [...] elle est intimement liée aux identités masculines, s'inscrivant dans la continuité d'un régime de prises de risques et de violence »*[95].

Avec cet engin, l'individu est poussé à l'achat d'un objet cher, brillant, silencieux, futuriste et « propre » qui fait de son propriétaire un citoyen écoresponsable et moderne. Les nouvelles technologies ont répondu à un problème de société et l'ont aidé à s'extirper des énergies fossiles qui représentent un passé sale, bruyant et populaire.

Présenter les voitures électriques comme des solutions technologiques à la pollution de l'air et une alternative viable aux moteurs à combustion n'a rien d'évident. Le procédé de fabrication et le fonctionnement à long terme de ces véhicules nécessitent d'utiliser les énergies fossiles. D'après le magazine *Reporterre*, les multiples analyses des instituts de recherche ne

---

95 Bénédicte Fontaine, « Voitures de collection, voitures de fonction, voitures électriques... rapports masculins à la mobilité et à l'écologie dans un cercle d'affaires bruxellois », *Nouvelles Questions Féministes : Androcène*, n°2, vol. 40, 2021, p.100.

sont pas d'accord, cependant, « *Un point fait consensus : produire un véhicule électrique demande beaucoup plus d'énergie, et émet deux fois plus de gaz à effet de serre que de produire un véhicule thermique, du fait de la production de sa batterie et de sa motorisation* »[96]. Si le véhicule électrique promet d'émettre moins de CO2 à long terme, c'est sans le renouvellement de sa batterie. On peut aussi se demander d'où vient l'énergie qui recharge les batteries ? Ces véhicules n'empêcheront pas le recours intensif aux énergies fossiles et aux centrales nucléaires pour répondre aux besoins énergétiques en constante augmentation.

De plus, cette solution néglige l'impact écologique global. Les analyses ne prennent pas en compte les conséquences écologiques des extractions minières et de la production dans les pays du Sud. « *Personne n'est aujourd'hui en mesure de calculer le bilan carbone des filières des soixante-dix matières premières minérales contenues dans une voiture* »[97]. Toutes les études témoignent de la non-viabilité d'une telle technologie et des pratiques écoloniales autour des véhicules électriques. Ces énergies faussement renouvelables n'ont engagé aucune évolution vers plus de justice sociale dans les industries délocalisées des pays du Sud. Au contraire, elles engendrent de nouvelles exploitations comme celles des métaux rares qui polluent. La stratégie consiste à extraire dans les pays du Sud pour améliorer la qualité de l'air dans des zones privilégiées au Nord. Sans oublier que les occidentaux se débarrassent de leurs véhicules thermiques prématurément en les envoyant dans les pays du Sud, qui eux, n'ont pas les moyens d'effectuer une « transition écologique ».

Même à l'intérieur des pays occidentaux, cette solution perpétue les inégalités. Les véhicules électriques sont chers, inaccessibles pour les

---

96 Celia Izoard, « Non, la voiture électrique n'est pas écologique », *Reporterre*, 01/09/2020, https://reporterre.net/Non-la-voiture-electrique-n-est-pas-ecologique
97 *Idem.*

classes populaires qui vont s'endetter pour circuler dans les zones à faible émission, utiliser les transports publics et le vélo. La mobilité de l'élite économique est assurée, tandis que les classes précarisées devront envisager d'autres moyens de transport. La transition verte est un dopage économique pour les industriels, l'occasion de réarrangements urbains, financiers et politiques, en plus d'être un moyen de faire taire les revendications populaires écologiques. Ces réponses politiques s'adressent à la classe possédante, aux capitalistes et entrepreneurs des marchés contemporains en crise, comme celui de l'automobile, en leur donnant les moyens de s'adapter à des exigences populaires sans modifier leur système. Ces décisions politiques favorisent la création d'espaces délimités, surtechnologisés, sécurisés et propres qui renforcent les hiérarchies de classes et continuent le processus de gentrification à l'œuvre dans les grandes villes. La mobilité des élites économiques masculines ne semble pas être une donnée négociable.

Les réponses de la masculinité techno-libérale à la crise écologique sont symptomatiques d'un *écologisme de diversion*. Le système androcolonial perdure et se renforce tout en camouflant ses effets désastreux. Dans ces stratégies de diversion, la technologie va jouer un rôle important dans la proposition d'innovations qui vont divertir l'attention populaire tout en aggravant la situation. Les innovations donnent l'impression que l'élite cherche à répondre aux problèmes écologiques et que la société évolue, alors même qu'elle suit son destin capitaliste en enclenchant de nouvelles phases d'expansion sur le marché global. Pour faire repartir la foi en sa doctrine et la croissance de ses adeptes, le libéralisme conquiert de nouveaux marchés et de nouveaux territoires.

Les données scientifiques présagent un avenir compliqué et même l'extinction de l'espèce humaine. Le projet d'Elon Musk n'est pas de stopper les désastres en cours, mais de rendre possible la création d'une communauté terrestre sur une autre planète :

> *« L'histoire va bifurquer dans deux directions. Soit les humains restent sur Terre pour toujours, se dirigeant finalement vers l'extinction, soit nous devenons une "espèce multiplanétaire »*[98].

C'est ainsi qu'il justifie les milliards de dollars dépensés en fusées. L'argent et l'énergie qui pourraient être utilisées pour répondre aux problèmes terrestres servent souvent à réaliser les rêves des hommes riches. De façon évidente, toustes les habitant·e·s de la planète ne pourront pas participer au projet. La conquête de Mars sera donc réservée à l'élite :

> *« Musk affirme ici que la construction d'une ville autonome pour un million de personnes sur Mars est le meilleur espoir pour l'humanité d'éviter l'extinction. Son essai décrit les plans de terraformation de la planète rouge et soutient que, malgré les températures glaciales, les radiations cosmiques et les tempêtes de poussière, Mars reste la planète la plus propice à la vie au-delà de la Terre »*[99].

L'investissement financier est à la hauteur des espoirs de l'élite :

> *« Selon le magazine Forbes, en 2019, les investissements spatiaux privés ont atteint un niveau record avec des capitalistes investissant 5,8 milliards dans plus de 170 start-up commerciales de l'espace dans le monde entier »*[100].

En tant que premiers bénéficiaires de ces technologies qui permettront de voyager dans l'espace, les techno-libéraux milliardaires tels que Jeff Bezos, patron d'Amazon, et Richard Branson, patron de Virgin, se présentent comme des éclaireurs de l'humanité. Faisant fi des contraintes techniques

---

98 Elon Musk, *Making Humans a Multi-Planetary Species*, New Space, 2017.
99 Miriam Tola, *Voyage dans l'espace du (M)Anthropocène blanc avec Elon Musk*, Androcène. Numéro Spécial, *Nouvelles Questions Féministes*, n°2, vol. 40, 2021, p.71.
100 I*dem*, p.78.

et du contexte économique, au-dessus de la masse, ces masculinités dépensent cher pour réaliser leurs fantasmes de s'extirper des problèmes terrestres.

Ces comportements présentent plusieurs idées importantes qui constituent la masculinité techno-libérale : ces innovations sont présentées comme des nécessités pour « la survie de l'espèce », justifiant tous les excès, et faisant de ces hommes, des héros modernes, des demi-dieux, des sauveurs. De plus, la distanciation avec le reste du Vivant est franche et même littérale : plutôt changer de planète que de transformer leur façon d'habiter le monde. Il suffit d'explorer des territoires inconnus pour continuer l'histoire de l'homme blanc. Et par extension - parce qu'il est son représentant - l'histoire de l'humanité. Nous faisons face à une extension extra-planétaire du projet colonial avec l'excitation de la terre « vierge », le fantasme de l'espace inhabité, riche de possibilités, inexploité, encore sauvage, inamical, mais en processus de domestication grâce aux nouvelles technologies. Les désastres ne font pas peur aux masculinités techno-libérales, car elles ont le pouvoir de recréer artificiellement les conditions de la vie, la nature et tout ce qu'il y a à l'intérieur[101]. Elles sont habitées par une sorte de complexe divin. Dans leur délire démiurgique, le ciel n'est pas la limite. Il n'y en a aucune car les technosciences sont davantage que des compensations viriles : leur maîtrise marque la supériorité de ceux qui les détiennent. Elles sont les outils des maîtres pour construire leurs rêves.

---

101 *Idem.*

Masculinité fossile

La masculinité fossile désigne principalement les hommes qui appartiennent à un système patriarcal blanc, lié à la société industrielle qui s'est construit dans les cultures qui dépendent des énergies fossiles (pétrole, charbon et gaz). Elle s'appuie sur l'exploitation du Vivant et l'infériorisation des femmes, des personnes queers et des colonisé·e·s. J'ai choisi comme représentant de cette masculinité Eric Zemmour, un idéologue d'extrême-droite français, qui, pour sa première présentation à l'élection présidentielle en 2022 a largement dépassé les scores des partis socialistes, républicains ou écologistes. Porté par les grands médias en politique, il a été envisagé comme président de la république par 7% des français·e·s qui ont voté en 2022. Ses idées se retrouvent chez un grand nombre d'hommes qui se réclament de son bord politique, mais aussi parmi d'autres hommes qui se sentent menacés par les mouvements sociaux réclamant plus d'égalité.

Le concept de la « masculinité fossile » s'inspire directement de celui de « pétromasculinité » porté par Cara New Daggett. La politologue états-unienne fait une lecture féministe du déni climatique et de l'importance des énergies fossiles dans les régimes autoritaires occidentaux.

> *« À travers le concept de pétromasculinité, je souligne la relation – à la fois technique et affective, idéologique et matérielle – entre les combustibles fossiles et l'ordre patriarcal blanc »*[102].

Les masculinités fossiles sont rattachées de façons symboliques et matérielles à une performance masculine répandue en occident. L'énergie fossile renvoie aux formes de vies sur lesquelles ces masculinités se sont

---

102 Cara New Daggett, *Pétromasculinité : Du mythe fossile patriarcal aux systèmes énergétiques féministes*, Wild Project, 2023, p.21.

construites, aux cultures cramées depuis le système esclavagiste, la chasse aux sorcières et les écocides. Elles sont le produit de la combustion de matière vivante et d'organismes qui ont mis des millénaires à se former. Comme ces énergies, les masculinités fossiles refusent de se renouveler, elles sont limitées dans le temps. Pour survivre, elles réactivent sans-cesse des fictions putrides. Elles s'enflamment, gisent et brûlent sans participer au renouvellement des ressources et à la création d'alternatives. Avec les masculinités techno-libérales, elles sont les principales sources du thanatocène.

Les énergies fossiles ont mis des millénaires à se transformer en carbone. Le charbon, le pétrole et le gaz répartis sur la planète ont afflué vers les pays du Nord pour faire prospérer la civilisation occidentale. Elles constituent encore la majorité de l'énergie consommée dans le monde. Dans la doctrine moderne, le progrès est associé à leur utilisation et le confort, à leur afflux continuel. Actuellement, les sociétés occidentales sont dépendantes de ces formes énergétiques pour la plupart de leurs activités.

Tandis que les écologistes poussent à sortir des énergies qui génèrent du carbone, les masculinités fossiles y voient un déficit de pouvoir et une perte de sens. C'est pourquoi, elles ont le plus souvent une attitude de déni envers le changement climatique. Récemment, elles emploient le terme d'écoterrorisme pour qualifier les luttes et politiques écologiques[103]. Dans le programme assez mince de *Reconquête*, le parti politique d'Eric Zemmour, Génération Z parle d'*écologie punitive* pour évoquer les politiques écologistes qui tendent selon eux à « *punir les français* ». *Écologie punitive* est un terme lié aux politiques de diminution des énergies carbones qui impliquent de rouler moins et moins vite. En

____

103 Terme employé par le ministre de l'intérieur Darmanin en 2022, lors d'une conférence de presse pour disqualifier la lutte contre les méga-bassines.

réduisant les limitations de vitesse et en créant des zones à faibles émissions, les écologistes s'en prendraient à la mobilité et à la liberté des français. Pour l'extrême-droite, l'écologie de gauche manque de rationalité et de virilité, elle fait preuve de « sentimentalisme » dans les politiques de protection de la nature. Cette posture représenterait une menace pour la nation et les traditions françaises[104].

Dans la même veine, le parti *Reconquête* - et ceux d'extrême-droite en général - se plaignent d'une france peu productive au niveau énergétique, d'une perte de puissance carbone et d'une politique qui a construit sa dépendance vis-à-vis des fournisseurs étrangers. *Génération Z* réaffirme tout de même sa confiance envers le progrès et la science, particulièrement dans le parc nucléaire français, en rappelant que l'enfouissement des déchets nucléaires est « *ultra-sécurisé* »[105].

Pour exploiter les énergies fossiles, il est nécessaire de forer, creuser, extraire et faire la guerre. Le point de vue écoféministe et décolonial établit une analogie entre les méthodes d'extraction et la violence sexuelle patriarcale qui force les corps des femmes et des colonisé·e·s pour en extraire des ressources. Pour la masculinité fossile, la famille patriarcale et la nation sont des données naturelles : une organisation sociale basée sur des nécessités biologiques et territoriales. Tout ce qui remet en question cet ordre est une menace. La masculinité fossile se projette au sein d'une patrie virile, à la tête d'une famille « nucléaire »[106], dans un contexte économique

---

104 On peut trouver dans les médias des polémiques autour du sapin de Noël. Il serait une décoration irremplaçable, même si l'exploitation forestière est un désastre. De même pour la consommation de viande, la diminuer ou l'arrêter menacerait les valeurs traditionnelles françaises.
105 Génération Z est un mouvement de jeunes qui soutiennent Zemmour. https://www.generation-zemmour.fr/lecologie-version-zemmour
106 L'énergie nucléaire est aussi une énergie combustible, qui dépend de l'uranium dans le sous-sol terrestre.

de plein-emploi. Elle protège le foyer des déviances comme elle protège la nation des menaces étrangères. Ce sont les nostalgiques de l'Algérie française, mais aussi les hommes qui refusent d'abandonner leur liberté de cramer de l'essence, de chasser, de manger de la viande, d'abattre des arbres, d'exploiter leur terrain et leurs femmes, car ces activités les définissent en tant qu'homme, elles font partie de leur performance de genre, intrinsèquement liée à la domination et à la propriété privée. La fin des énergies fossiles et le partage du pouvoir sont alors perçus comme une profonde dévirilisation. Le changement social provoque une anxiété de genre au sein d'une masculinité déjà ébranlée par les demandes politiques des différents mouvements sociaux qui transforment la société : féministes, queers, antiracistes, anticapitalistes, etc.

Dans les débats populaires, aborder le sujet des masculinités nous renvoie souvent aux discours sur « la crise de la masculinité ». Chez Zemmour, la nation comme la masculinité sont en crise. Les hommes auraient des difficultés à être des hommes et seraient – comme les femmes – victimes des injonctions de genre :

> *« Cette crise de la masculinité aurait comme principaux symptômes l'absence de modèles masculins positifs, l'échec scolaire des garçons, l'incapacité des hommes à séduire les femmes, voire le déclin de la libido masculine, la perte de contrôle des pères divorcés et séparés de leur(s) enfant(s), la violence des femmes contre les hommes et le taux de suicide masculin »*[107].

Ce récit du mâle en déclin n'est pas nouveau. Au pays des Lumières, ces complaintes masculines font partie du discours politique à deux périodes clefs de l'histoire de l'état-nation : durant la Révolution de 1789 et après

---

107 Francis Dupuis-Déri, « Le discours de la "crise de la masculinité" comme refus de l'égalité des sexes : histoire d'une rhétorique antiféministe », *Recherches féministes*, vol. 25, n° 1, 2012, p.90.

l'indépendance de l'Algérie, en 1962.

Au XVIIIe siècle, les hommes des différents partis accusent leurs adversaires de déviriliser la france :

> *« (…) d'une dégénérescence des mœurs et d'une féminisation de la France, le pays étant par conséquent plus vulnérable par rapport à ses ennemis extérieurs et intérieurs. Dans le discours révolutionnaire, la cour ne compterait que des hommes efféminés contrôlés par des femmes probablement lesbiennes, au premier titre la reine Marie-Antoinette qui manipulerait à sa guise un roi lui aussi efféminé »*[108].

Ces idées étaient en vogue dans un contexte où, pourtant, la domination des hommes sur les femmes se renforçait. Le sentiment de menace des hommes n'était justifié ni politiquement ni socialement :

> *« l'Assemblée révolutionnaire interdit aux femmes de voter et d'être élues, de former des sociétés ou des clubs de femmes, de porter les armes, puis finalement de se rassembler à plus de cinq dans l'espace public »*[109].

Le discours autour du manque de masculinité des français opère un tournant structurel après les décolonisations, et en particulier après la libération de l'Algérie. La défaite a été un coup dur pour l'extrême droite. Cet épisode de l'histoire française est encore vécu comme une perte de territoire, une remise en question de la virilité construite en période coloniale par le régime militaire. L'impérialisme français serait « émasculé » de ses colonies. De plus, il serait envahi sur son territoire par les ex-colonisés. L'autorité politique française serait donc bafouée.

> *« Dès avant la fin de l'Algérie française, puis surtout au moment de l'indépendance algérienne, et enfin tout au long des années*

---

108 *Idem,* p.95.
109 *Idem,* p.96.

1960, les gens du « camps national/nationaliste formulèrent des théories sur les actes, les humiliations et les appétits sexuels pour expliquer la perte de l'Algérie et les leçons à en tirer. Ils ciblèrent en particulier la masculinité « déviante », à grand renfort de théories sur l'hypervirilité aberrante des « Arabes » et l'efféminement décadent qui avaient rendu les Français incapables de les battre. (…) Après 1962, néanmoins, certains pensaient encore que le peuple français, à condition d'être bien guidé, pouvait être (re)virilisé. Ces ultranationalistes décrivaient une population de plus en plus consciente que la défaite de l'Algérie avait aggravé une crise de la masculinité »[110].

Suite aux décolonisations, entre 1960 et 1970, les Algérien·ne·s présent·e·s sur le territoire français côtoient les mouvements étudiants, ouvriers, féministes, gays et lesbiennes qui s'organisent pour les luttes de libération. Pour les conservateurs, cette alliance de gauche[111] constitue des attaques franches à une masculinité déjà fragilisée par la perte des colonies. À cette période, l'extrême-droite dénonce une dangereuse féminisation de la patrie. Dans son livre *Mâle décolonisation*, l'historien Todd Shepard met en parallèle les discours politiques sur les hommes algériens et ceux qui traitent des révolutions antipatriarcales. En effet, les discours politiques racistes sur les Arabes associent l'infériorité raciale à la déviance sexuelle, les rapprochant politiquement des révolutionnaires français·e·s.

« L'invasion arabe, ça voulait dire des Arabes qui pénétraient des Français de toute sorte, et le territoire français. La liste répétitive des périls était, à cet égard, limpide : la prostitution et la traite des Blanches ; le viol ; l'homosexualité ; la pédérastie »[112].

---

110 Todd Shepard, *Mâle décolonisation : L'« homme arabe » et la France de l'indépendance algérienne à la révolution iranienne (1962-1979)*, Payot et Rivages, 2017, p.33-42.
111 Ancêtre de l'*islamo-gauchisme* ou du *wokisme*.
112 Todd Shepard, *Mâle décolonisation : L'« homme arabe » et la France de*

À cette période, l'extrême-droite construit sa légitimité politique sur l'idée d'un déclin de la masculinité et de la nation. Elle s'oppose ainsi à ce qui s'élève comme une menace à la domination blanche : l'organisation politique des postcolonisé·e·s et les revendications révolutionnaires qui ont lieu simultanément, qui s'interpénètrent, s'inspirent mutuellement et construisent des alliances.

Zemmour s'inscrit dans cette héritage idéologique du masculin « en crise » menacé par les « immigrés » et les « gauchistes ». Dans son pamphlet datant de 2006, *Le Premier sexe*, un « *traité de savoir-vivre viril à l'usage des jeunes générations féminisés.* », Zemmour se pose en figure paternelle, garante d'une vision masculine ancestrale. Après avoir posé un constat décliniste sur la nation, il lance un appel à des hommes « *plus vigoureux* » pour « *féconder* » la france qui souffre de « *dépression démographique* » et d'immigration[113]. D'après lui, les révolutions sexuelles ont détruit les bases biologiques du genre et semé le trouble dans l'esprit des individus :

> « *Tout le travail idéologique des féministes et des militants homosexuels a consisté à « dénaturaliser » la différence des sexes, à montrer le caractère exclusivement culturel, et donc artificiel, des attributs traditionnellement virils et féminins. [...] Toutes les frontières sont ainsi abolies, tout vaut tout, plus de sacré et de profane, plus de privé et de public, plus d'indigène et d'étranger, de pur et d'impur. Plus d'homme ni de femme. C'est une société du désordre qui a supplanté une société de l'ordre* »[114].

La crise de la masculinité est un discours qui présente les hommes comme les victimes des féministes. Celles-ci exerceraient un pouvoir totalitaire sur

---

l'indépendance algérienne à la révolution iranienne (1962-1979), Payot et Rivages, 2017, p.61.
113 Eric Zemmour, *Le premier sexe*, Denoël, 2006, p.115.
114 *Idem*, p.21.

les hommes – surtout blancs et hétérosexuels. L'analyse antipatriarcale des dominations est renversée, détournée et tronquée de son analyse matérialiste. Les hommes souffriraient « en tant qu'hommes » : « *Nous vivons en effet une époque de mixité totalitaire, castratrice. (…) La virilité n'est plus héroïsée, mais elle est humiliée, meurtrie, avilie* »[115].

La masculinité fossile est angoissée par les femmes qui s'émancipent économiquement, contrôlent leur désir et leur capacité de reproduction. Zemmour se plaint de devoir fournir des efforts pour satisfaire ses besoins sexuelles. Pour plaire aux femmes modernes, les hommes hétérosexuels devraient suivre de nouvelles règles qui impliqueraient une démasculinisation : une perte de sens dans le vécu masculin qui génère de la souffrance.

Zemmour confond allègrement domination et masculinité. Des mots quasiment synonymes pour lui qu'il associe au pénis, organe bafoué devant retrouver sa fierté. Les femmes sont systématiquement déshumanisées et la violence virile valorisée. Il réaffirme la culture du viol : la pulsion sexuelle et son expression violente feraient partie de la performance du genre masculin. Le désir masculin reposerait sur l'attraction des différences, « *l'inégalité* » serait même le « *moteur traditionnel du désir* »[116]. La domination patriarcale et les démonstrations violentes sont essentielles à cette masculinité fossile, puisque sa « force » dépend de la « faiblesse » des femmes, de sa capacité à les soumettre. S'affirmer en tant qu'homme exige la conquête des femmes, au sens impérialiste du terme : être le pénétrant et jamais le pénétré.

L' « émasculation » des « vrais » hommes serait le résultat d'une alliance politique entre les « homosexuels » et les féministes lesbiennes :

____

115 *Idem.*
116 *Idem,* p.78.

« *Elles plébiscitent les hommes reconfigurés par la plastique, l'esthétique, le raffinement homosexuels. L'homme qui leur plaît est celui qui leur ressemble. La différence, physique, sociale ou psychologique, est désormais assimilée à l'inégalité, nouveau péché mortel de l'époque. À leur peur archaïque du phallus, du « viol de la pénétration », les femmes d'aujourd'hui répondent par un malsain désir du même, une immense tentation lesbienne »*[117].

La masculinité fossile s'appuie sur la subordination d'autres masculinités. Elle se sent menacée par les masculinités déviantes : gay, queer, butch, trans, parce que ces masculinités contestent le caractère naturel de la binarité et diffusent d'autres visions du genre. *Ne pas être une tapette* est un fondement de la masculinité fossile. L'homophobie associe les gays à une masculinité efféminée, un masculin qui dévie de sa nature de mâle en adoptant des traits et qualités féminines, où la sodomie est perçue comme une invasion de territoire. La critique de Zemmour d'une nation en perte de puissance s'appuie sur un fond d'homophobie, une forme de misogynie qui fustige la féminisation de la société. Cela se vérifie aussi dans le domaine de l'écologie qui nécessite une forme d'empathie et de pratique du soin impossibles pour les masculinités fossiles. En développant des valeurs et des comportements associés au féminin, ces hommes redoutent de devenir des subalternes, c'est-à-dire, d'être assimilés à celleux qu'ils considèrent comme profondément inférieur·e·s.

La masculinité fossile est encore marquée par le nationalisme et la suprématie blanche. La mythologie fossile entretient la nostalgie d'une masculinité idéale perdue. Pour la retrouver, la nation doit être représentée et défendue par des corps blancs, jeunes, valides, virils et hétérosexuels. Bien qu'il soit repris par des femmes de droite, le nationalisme est une émotion codée comme masculine : l'amour inconditionnel pour la patrie,

---

117 *Idem*, p.78.

ses traditions, ses faits guerriers, ses personnages masculins et son histoire (souvent négationniste) forment une fiction identitaire qui inspire la masculinité. La nation renvoie à un corps précisément délimité qu'il faut défendre, un fantasme d'homogénéité populaire, un sang commun, une race pure puis une culture propre à un territoire, qui rappelle l'idée d'espace vital chère au nazisme *(lebensraum)*.

Contrastant avec sa haine du genre féminin, Zemmour nourrit une fascination pour la culture française et ses figures masculines, notamment politiques, qu'il évoque avec passion. Il s'avoue nostalgique d'un patriarche qui incarne « la puissance », le « seul pénis bandant » de la famille et, par extension, de la nation[118]. Il ne cache pas son désir d'une figure masculine forte, d'un leader fascisant, « chef de meute » qui réinstaure la famille patriarcale et l'ordre colonial.

La masculinité fossile utilise la catégorie du naturel pour établir une analogie entre le corps des hommes français et le territoire national. Une nation virile, impénétrable par les « pédés », comme par les « étrangers », les virus ou la pollution. Le masculin fossile développe une angoisse généralisée face à l'abolition des frontières du genre comme celles de la nation. La société du désordre est son pire cauchemar.

Pour les hommes d'extrême-droite, le socialisme n'est pas assez viril parce qu'il sape l'autorité patriarcale blanche en donnant le flanc aux masculinités postcoloniales et déviantes[119]. Les masculinités fossiles sont aussi des *masculinités impérialistes* qui se co-construisent avec les masculinités postcoloniales (noires, arabes et asiatiques) dans un contexte d'exploitation capitaliste. En france, les masculinités noires et arabes

---

118 *Idem*, p.65.
119 Dans cet ouvrage, je n'ai pas inclus les descriptions des masculinités déviantes et des masculinités postcoloniales, mais leur analyse est prévue dans de futurs écrits.

jouent un rôle primordiale pour les masculinités de pouvoir. En les construisant comme des sujets hyperviolents, les masculinités fossiles et techno-libérales s'opposent à elles en tant que masculinités saines, sécurisantes et civilisées. Cette dynamique rend alors leur domination hégémonique et légitime. Dans cette guerre virile, les femmes ne seraient que des ressources que les hommes se disputent.

Dans les mouvements d'extrême droite circule l'idée que les institutions modernes construisent une égalité factice et nocive. L'effondrement de la société contemporaine est alors envisagé - et même fantasmé - comme un moment de retour à l'ordre « naturel ». Le quotidien deviendrait chaotique. Dans ce chaos, la loi et les institutions ne protégeront plus les « faibles » et laisseront la place aux « vrais hommes » pour rétablir l'équilibre « originel ».

La loi du plus fort est la loi du plus violent : la violence physique est un élément important des masculinités fossiles, l'occasion de démonstrations viriles, d'explosions de force, de moments guerriers. Dirigée sur les « corps étrangers », cette violence apprise, entraînée et maîtrisée permet de reprendre le pouvoir par la force, retrouver le contrôle du territoire et des femmes. La violence des masculinités blanches fait partie intégrante de la fiction nationaliste. Qu'elle émane de politiciens, de policiers ou de milices d'extrême droite, elle est interprétée comme relevant de la légitime défense des hommes qui protégeraient la famille et la nation contre la menace que représenteraient les racisé·e·s, les queers et les féministes.

Il faut rappeler que Zemmour n'est pas blanc : il est issu d'une famille juive algérienne. Il *joue* à être un homme blanc pour embrasser la fiction nationaliste. Le contexte colonial place les masculinités racisées face à un défi, celui de correspondre à un modèle de masculinité inatteignable, car racialisé. Nombre d'hommes en déficit de pouvoir utilisent alors des stratégies d'assimilation nationaliste.

De même, la masculinité fossile peut être incarnée par des femmes, à l'exemple de Marine Le Pen. Le contexte politique de son ascension est primordial pour comprendre sa performance de genre. Sa présidence au sein du Front National rebaptisé Rassemblement National (FN-RN) correspond à une période de dédiabolisation du parti et des idées fascisantes au sein de la scène politique française. Elle incarne une figure féminine qui adoucit la violence du parti pour le rendre plus accessible, sans toutefois trahir ses fondamentaux. Ce processus doit beaucoup à son incarnation d'une féminité blanche conservatrice hégémonique : blanche, cisgenre, hétérosexuelle, bourgeoise qui rejette le processus égalitaire. En l'occurrence, dans la presse et sur la scène politique, elle ne subit pas – ou peu – de traitement misogyne comparé à d'autres femmes politiques (par exemple : la focalisation sur son physique ou l'évocation de sa vie privée pour la déstabiliser et décrédibiliser ses arguments politiques). Sa performance emprunte des codes de la masculinité fossile, facilitée par son héritage paternel qui lui procure une légitimité historique au sein des mouvements d'extrême-droite. De plus, le but de sa politique a toujours été de donner le pouvoir aux hommes de son mouvement, de mettre en place leur domination. En 2022, alors que le FN-RN est dans une phase d'ascension politique croissante, la présidence est transférée à Jordan Bardella, un jeune homme blanc, symbolisant la remontée en puissance du parti.

Le concept de crise sans cesse mis en avant par la masculinité fossile témoigne d'un caractère essentiel de cette performance de pouvoir et du système de genre en général : sa fragilité. Elle a besoin d'être imposée, renforcée, mimée et rappelée à sa pseudo-naturalité, car elle ne va pas de soi et elle est sans cesse remis en question. En cela, ces masculinités sont des performances de genres fragiles, qui reposent sur la position subalterne des autres, envisagé·e·s comme des concurrent·e·s. La crise serait alors la rupture d'un équilibre qu'il faut rétablir. Ce mécanisme récurrent leur permet de disqualifier les autres groupes, de les cibler comme menaces à « l'ordre naturel » et de renforcer leur domination. Parler de crise de la masculinité entre dans le cadre d'un discours masculiniste. La solution proposée est toujours un retour de l'ordre patriarcal et colonial. Elle met en évidence une lutte des hommes pour garder le pouvoir. Il s'agit en réalité d'un refus d'égalité : « *La masculinité serait donc incompatible avec l'égalité, de l'avis même de certains de ses plus fervents promoteurs* »[120].

Parmi les sujets de l'écologie qui croisent racisme et masculinités de pouvoir on trouve le grand-remplacement. À la source de ce concept mondialisé, il y a Renaud Camus, français et théoricien de l'extrême-droite. Il a fait ses premiers pas en politique à gauche, a voté Noël Mamère et a intégré le milieu gay à la fin des années soixante-dix. Le mythe complotiste français inventé par cet écrivain est repris par la famille Le Pen, Zemmour, et s'est répandu dans tout le champ politique français. Il affirme que les migrations excessives des Africain·e·s visent à remplacer la population française « de souche », entendue blanche.

> *« Le Grand Remplacement, le changement de peuple, que rend seul possible la Grande Déculturation, est le phénomène le plus considérable de l'histoire de France depuis des siècles, et probablement depuis toujours»*[121].

Ce concept qui ne repose sur aucun argument sérieux, s'appuie aussi sur un effacement total de l'histoire esclavagiste et coloniale européenne.

> *« Le XXe siècle aura connu deux génocides majeurs, dont le second déborde nettement sur le XXIe : le génocide raciste, la Destruction des Juifs d'Europe, à la fin de la première moitié ; puis le génocide antiraciste, la Destruction des Européens*

---

120 *Idem*, p.98.
121 Renaud Camus, *Le Grand Remplacement, Quatrième Édition, Augmentée, Introduction Au Remplacisme Global*, David Reinharc, Lulu.com, 2017, p.153.

d'Europe, à la fin de la seconde »[122].

La peur du remplacement de la population française n'est pas récente. Dès les débuts du XXe siècle, la france voit proliférer la peur et la haine irrationnelles des Juif·ve·s. Cette obsession est nourrie et véhiculée par des écrivains, des politiciens et des industriels accusant la mainmise de la communauté juive sur l'économie mondiale. En témoigne le texte *Les Protocoles des Sages de Sion* qui a été grandement promu par Henry Ford, un soutien financier du régime nazi, auteur de plusieurs textes antisémites[123]. Le complotisme antisémite a été une croyance forte du régime hitlérien et des nationalismes européens. La « peur d'être infiltré » dans les hautes sphères du pouvoir par une minorité qui influencerait le destin des états a été celle du 3e Reich. Elle se retrouve aujourd'hui dans l'idée d'une « élite mondialiste » et capitaliste qui voudrait effacer les spécificités nationales pour les besoins d'un marché grandissant. Cette théorie bien française du grand-remplacement a voyagé jusqu'en Nouvelle-Zélande entraînant le massacre islamophobe de *Christchurch*, le 15 mars 2019 où l'attaque de deux mosquées a fait 51 mort·e·s et 49 blessé·e·s. L'un des terroristes déclara avoir été motivé par la peur du grand-remplacement :

> « *[L'immigration et le réchauffement climatique] sont deux faces du même problème. L'environnement est détruit par la surpopulation, et nous, les Européens, sommes les seuls qui ne contribuent pas à la surpopulation. (…) Il faut tuer les envahisseurs, tuer la surpopulation, et ainsi sauver*

---

122 Renaud Camus, en plein délire sur son compte Twitter.

123 *Les Protocoles des Sages de Sion* est un texte russe publié pour la première fois en 1903 qui présente un faux projet de conquête du monde des Juifs et des francs-maçons. Il est une référence depuis les antisémites jusqu'au nazisme et toute l'extrême-droite en passant par le monde arabe. Henry Ford est un industriel américain dans le secteur de l'automobile et de l'aéronautique.

l'environnement »[124].

Cet écofascisme s'appuie sur un récit décliniste global et une vision darwiniste. Il accuse certains groupes humains de détruire l'environnement et dès lors s'engage à les exterminer pour sauver la planète. Le pseudo constat démographique et la croyance en une volonté politique d'organiser un remplacement de la population française témoignent de la paranoïa des masculinités fossiles et d'une volonté d'organiser une société ségrégée[125]. Dans ces discours qui assimilent politiques racialistes et « solution écologique »[126], la nation est envisagée comme un écosystème à protéger des intrusions. La compétition - exacerbée par le capitalisme – entraîne l'élimination des groupes les plus marginalisés, ainsi que la conquête de nouveaux territoires pour subvenir aux besoins fondamentaux du peuple « légitime ». La masculinité fossile fantasme une période de puissance impérialiste qui fait partie du passé et demeure une fiction non traitée de l'histoire nationale. Et il convient pour de nombreux partis politiques de laisser tel quel ce récit afin de nourrir les mythes et les querelles nationalistes. La fiction raciale et coloniale empêche les masculinités blanches de construire de nouvelles formes politiques. En ce sens, la masculinité fossile est aussi une *masculinité puérile*, caractérisée par une incapacité à se responsabiliser et se renouveler. Elle s'acharne à taper du poing sur la table en revendiquant une autorité « naturelle » induite par la hiérarchie androcoloniale.

En france, l'affirmation d'une écologie antifasciste est primordiale, et elle

---

124 Brenton Tarrant, actif sur les réseaux sociaux, a publié un manifeste « *The Great Remplacement* » de 78 pages où il élabore son idéologie islamophobe et conspirationniste. Voir Paul Guillibert, « La racine et la communauté :Critique de l'écofascisme contemporain », *Mouvements*, vol. 104, no. 4, 2020, p.84-95.
125 Notamment dans l'introduction du terme « francocide » par Eric Zemmour.
126 Voir le projet de *rémigration* qui n'est pas autre chose qu'une déportation d'une partie de la population nationale en fonction de sa prétendue race/culture/religion.

ne peut se construire sans les racisé·e·s. Le manque d'analyse sur les masculinités et leur pluralité entraîne une faiblesse politique des arguments féministes et queers qui ont du mal à s'accorder avec les discours et les pratiques antiracistes. Zemmour a recueilli 7 % des votes au premier tour des élections présidentielles de 2022. Et cela n'a pas susc·ité beaucoup d'attention de la part des féministes et des antiracistes. Pourtant, ce chiffre n'est pas anodin. L'étude des masculinités demeure un angle mort des théories féministes dans le contexte français. Et les ennemis politiques du désordre ne manquent jamais de s'enfoncer dans les brèches que nous délaissons.

Convergences désastreuses

De par leur importance socio-économique, politique et culturelle, les masculinités techno-libérales et fossiles incarnent des modèles qui circulent de façon fluide dans la société, influençant un nombre croissant d'individus qui aspirent à appartenir au genre masculin. Leur performance peut représenter une réponse à la crise écologique et sociale.

Ces catégories s'opposent à certains moments et convergent à d'autres. Les points de convergence et d'alliance entre la masculinité techno-libérale et la masculinité fossile sont qualifiés de « désastreux » par la chercheuse Cara Daggett. Selon les contextes, il y a opposition, dialogue, convergence, alliance ou influence entre ces masculinités de pouvoir. Elles ne sont pas figées et sont significatives pour éclairer un contexte et des relations.

Dans le cadre de son projet de transport interplanétaire, la société d'Elon Musk a conclu un partenariat avec la NASA, l'agence gouvernementale des états-unis. Sous l'impulsion de Donald Trump, le pays s'est relancé dans

« la conquête de l'espace ». Or, Trump incarne justement une masculinité fossile qui impose une vision climato-sceptique. La relation houleuse entre les deux hommes, connus pour être opposés sur le plan écologique, ne les a pas empêchée de collaborer de façon concrète pour conquérir de nouveaux territoires. Leurs politiques pour maintenir l'ordre s'accordent en amplifiant la violence envers le Vivant et les subalternes.

De même, en contexte colonial, les intérêts des forces militaires et des industriels convergent afin d'organiser la spoliation des territoires du Sud global.

Les seconds tours des élections présidentielles françaises de 2017 et 2022 ont opposé deux systèmes : le capitalisme ultralibéral de Macron et le néofascisme de Le Pen. Cependant, ils ne représentent pas une opposition totale. Ils s'interpénètrent et se soutiennent à certains endroits, en étant tout-à-fait capables de cohabiter et de s'accorder sur plusieurs sujets dans l'hémicycle. L'alliance des droites est un rêve zemmourien et une possibilité à l'échelle européenne voire globale. Le journal Le Monde intronise même Vincent Bolloré comme « le parrain » de cette alliance.

> *« Après dix années consacrées à bâtir un empire dans les médias et l'édition, l'homme d'affaires qui rêvait de peser sur l'élection présidentielle et échange désormais avec Emmanuel Macron accentue son influence sur le champ politique, en nouveau marionnettiste de la droite et de l'extrême droite »*[127].

Les grands médias français, contrôlés par les milliardaires capitalistes (Vincent Bolloré, Bernard Arnault, Xavier Niel, etc) ont donné une place importante à la propagande d'extrême-droite, permettant ainsi son ascension politique. La convergence des régimes autoritaires et du libéralisme est l'orientation principale des politiques françaises, puisant

---

127 https://www.lemonde.fr/politique/article/2023/12/20/vincent-bollore-parrain-d-une-alliance-entre-droite-et-extreme-droite_6206950_823448.html

dans l'histoire fasciste et coloniale du pays pour sa mise en place. Ugo Palheta parle d'une « *trajectoire du désastre* » engendrée par la « *radicalisation – néolibérale, autoritaire et raciste – de la classe dirigeante française dans son ensemble*»[128] qui mène une politique antisociale et antiécologique.

Le domaine où les deux masculinités de pouvoir convergent de façon symbiotique est l'institution policière et militaire. Pour qu'une poignée d'humains privilégiés détournent les ressources et s'extirpent des problèmes terrestres, il faut une force capable d'immobiliser et de terroriser la population. La police est l'organe de cette violence, le rempart musculeux garant de l'idéologie des dominants qui empêche la mutation sociale [129]. Sa mission étant de gérer et d'anéantir le désordre, elle limite physiquement nos possibilités. Ce système sécuritaire élaboré à partir du contexte colonial vise à s'étendre au reste de la population en désaccord avec les politiques libérales et fascisante comme on a pu le voir avec la répression des Gilets Jaunes, des grévistes, des écologistes et la montée de la violence envers les féministes. En france, Mathieu Rigouste parle d'une militarisation de l'institution policière qui a pour but de diriger la force militaire et policière sur la population civile et nationale. Cette trajectoire trahit la mission première de l'institution qui n'est pas de protéger et servir la population, mais de la mater[130].

Quand l'illusion idéologique ne fonctionne plus, l'autre outil du système pour se maintenir est la violence. Elle est intrinsèque au système de

---

128 Ugo Palheta, *La possibilité du fascisme : France, la trajectoire du désastre*, La Découverte, 2018, p.11.

129 Voir Mathieu Rigouste, *La domination policière : Une violence industrielle*, La Fabrique, 2012.

130 Voir Mathieu Rigouste, *L'ennemi intérieur : La généalogie coloniale et militaire de l'ordre sécuritaire dans la France contemporaine*, La Découverte, 2011.

domination androcolonial et à la forme de gouvernance étatique. Sur le plan symbolique, la conquête de Mars, c'est aussi le retour du dieu romain de la violence, de la guerre et du carnage. Père de *Phobos*, la Peur et de *Deimos*, la Terreur ; c'est l'apologie des valeurs guerrières ; l'affirmation de la force armée.

Si l'état ne tolère pas toutes les formes de violence, il autorise celle des masculinités fossiles au sein de la société civile (milices d'extrême-droite impunies, dérives meurtrières des chasseurs, non-intervention dans les cas de violences conjugales) et même l'organise au sein de ses propres institutions (armée, police, administration). Pour Zemmour, « *la guerre est l'ultime marqueur de l'identité masculine* »[131]. La masculinité fossile est un modèle masculin qui circule allègrement dans l'institution policière, militaire et parmi les chasseurs, où le maintien de l'ordre est synonyme du maintien des hiérarchies. La violence masculine techno-libérale est corporisée par d'autres d'hommes, donnée en mission à la police et l'armée. Ces forces coercitives permettent aux masculinités techno-libérales de maintenir leur position hégémonique. L'état a besoin de la violence des masculinités fossiles pour faire régner l'ordre par la terreur. La violence masculine devient alors une arme politique de l'état. La violence des militaires et des policiers n'est pas accidentelle, elle est un arrangement implicite avec le pouvoir. Le système impérialiste a besoin de cette force puérile et frustrée pour la faire exploser sur certains corps qu'elle veut mater : la violence autorisée est dirigée vers les espaces liminaires, ceux des quartiers populaires, des cellules de prison, des territoires de guerre, des lieux sans lumière associés à des corps nocturnes qu'il faut domestiquer.

« Historiquement une des stratégies des états dominants a toujours consisté à spatialiser et à décharger cette terreur en en

---

131 Eric Zemmour, *Le premier sexe*, Denoël, 2006, p.84.

confinant les manifestations les plus extrêmes dans un tiers-lieu stigmatisé racialement – la plantation sous l'esclavage, la colonie, le camp, le compound sous l'apartheid, le ghetto ou, comme dans les USA contemporains, la prison »[132].

Cette violence fossile n'est que très rarement, voire jamais, punie. On donne aux mâles violents un cadre pour la tester et la faire exploser: la colonie, les corps racisés, mais aussi la famille, dit *cadre privé*, dans lequel l'état intervient peu contre l'autorité patriarcale. Deviennent aussi des exutoires de la violence androcoloniale les corps queers qu'il faut « replacer » dans le droit chemin par le viol, le tabassage et le meurtre. Les viols et les violences de ce régime envers les subalternes sont des armes de contrôle et d'anéantissement des autres et de leur monde. Ils font partie intégrante de la performance des masculinités de pouvoir. Ces violences permettent la réification. Elles transforment les endroits de plaisir et de liberté en cauchemars, anéantissant la confiance pour la transformer en peur et en honte. Elles ont pour but de réduire et détruire la sexualité mais aussi toute forme de puissance politique, en écrasant la volonté des sujets et leur capacité de choisir et d'agir, elles enlèvent la possibilité de toute autonomie. Le viol est une arme androcoloniale pour maintenir les autres à une place subordonnée. Il apprend aux hommes à utiliser leur sexe comme une arme, mais il peut aussi impliquer d'autres parties du corps ou des objets, comme la matraque.

Les institutions qui produisent pour le système sont aussi bien les usines que les universités ou la police. On peut produire des médicaments, du savoir ou de l'ordre. La violence policière produit de l'ordre. Elle entretient les différences de classe et les fondements de la société industrielle. Celle-ci n'est pas réduite à une façon de produire, mais elle défend un mode d'organisation et une manière de distribuer le pouvoir. C'est au sein de la

---

132 Achille Mbembe, *Politiques de l'inimité*, La Découverte, 2018, p.86.

société industrielle que nous sommes réduits aux statuts de travailleur·ses et de consommateurs·trices. C'est la vision industrielle de la vie et de la nature qui détruit le lien entre les êtres vivants et mécanise nos rapports.

Le militarisme est relié à l'industrialisme par un procédé similaire dans lequel les personnes ne produisent pas directement pour leurs propres besoins, mais pour un système spécialisé, centralisé et commandé par des institutions. Ce système a été imposé par la violence dans les différentes couches sociales et dans les colonies. Le militarisme et la police ont été les moyens de faire émerger, triompher et perdurer ce système.

Historiquement, la technologie est liée au militarisme. Les plus grandes avancées technologiques ont vu le jour en temps de guerre. L'industrialisation a commencé avec la fabrication d'armes. Aujourd'hui, les grandes puissances industrielles sont aussi celles qui vendent le plus d'armes. Ce n'est donc pas un hasard si, par le biais des techno-sciences, la masculinité techno-libérale investit en priorité dans cette force au sol. Le policier en tant qu'organe augmenté et contrôleur omniscient représente une forme de masculinité hybride, un fantasme impérialiste et puéril, pour lequel les états modernes dépensent une grande partie de leur budget.

La technologie permet d'effacer les faiblesses naturelles et de construire un avantage tactique : un corps rêvé de héros à la jeunesse éternelle, défenseur de la nation et de la famille. La performance masculine est assurée par de fidèles et puissants outils. L'imaginaire techno-libéral entretient un rapport étroit avec la machine ou le robot, perçu comme une extension de sa puissance, une compensation virile illimitée, titanesque, froide, métallique, impénétrable, en même temps qu'un esclave qui ne sera jamais tenté par la rébellion.

Le masculin augmenté est une manière de compenser la fragilité des masculinités de pouvoir, dans une société qui ne reconnaît pas leur supériorité naturelle, et au sein du système Vivant qui menace leur hégémonie. L'association systématique entre les masculinités de pouvoir et la technologie dessine le portrait de garçons suréquipés, aux armures surdimensionnées qui font face à des problèmes qui demandent des qualités humaines plus que des outils.

Dans un contexte de désastre, cette association des masculinités fossiles et des masculinités techno-libérales nous mène vers une dystopie policière où l'exercice de la violence est épaulée par une méga-industrie et une machine politique. L'institution qui a le monopole de la violence nous renseigne précisément sur les transformations à venir et les adaptations auxquelles veulent nous soumettre les masculinités au pouvoir.

Elles forment une hybridation désastreuse sur le corps policier, visible par le suréquipement de ces derniers lors des manifestations. Il a été enrichi de matériel militaire comme le fusil d'assaut. Mathieu Rigouste parle d'*hybridation militaro-policière,* accélérée par la mission de lutte antiterroriste de l'état, où les limites entre le policier et le militaire sont intentionnellement brouillées face aux révoltes populaires.

La police se transforme dans un contexte de « *marché global de la violence* » en pleine expansion[133] . Les industriels collaborent avec les états pour élaborer une « *police du futur* ». Sur le policier lui-même les ingénieurs imaginent les futures technologies : exosquelettes, drones intelligents, et casques à réalité augmentée. Le policier pourrait même se voir administrer un « *traitement permanent pour renforcer ses capacités* »[134]. Le fantasme du policier augmenté et connecté va de pair avec celui d'une ville surveillée et intelligente, la « *Safe City* », où l'espace public est géré par le numérique et les informations sont centralisées :

---

133 Mathieu Rigouste, *La police du futur : Le marché de la violence et ce qui lui résiste*, 10/18, 2022.
134 *Idem*, p.27-28.

« *À Valenciennes, l'entreprise chinoise Huawei a fourni gratuitement à la police municipale ses technologies de « vidéosurveillance intelligente » prétendant pouvoir déceler automatiquement les comportements déviants à la norme. La société IBM a procédé de la même manière dans le cadre d'un marché public à Toulouse, tandis qu'IDEMIA et Thales mettaient en pratique leurs systèmes de « vision assistée par ordinateur » en collaboration avec la Ville de Paris »*[135].

La Safe City concentre les fantasmes techno-libéraux d'omniscience, d'omnipotence et même celui de voir l'avenir avec des technologies qui tentent de prédire les crimes.

« *Le panoptique policier tente de se déployer à différentes échelles, depuis l'espace, où se multiplient les satellites de surveillance, jusqu'au cœur de la vie humaine avec les analyses et manipulations du génome »*[136].

Si les menaces terroristes ont servi à développer les sociétés de contrôle et le marché de la sécurité, c'est aussi le cas de la crise sanitaire et du changement climatique :

« *En France en 2020-2021, une loi « Sécurité globale » a ainsi facilité le déploiement et l'élargissement des marchés des drones, de la surveillance dite intelligente et de la sécurité privée en général. Après avoir déployé des drones dotés de haut-parleurs durant le confinement, et avant même que la loi « Sécurité globale » soit publiée au JO, le maire de Nice, Christian Estrosi, s'empressait d'acquérir un nouveau système de drones pour sa police municipale (…). Le secteur du « risque climatique » est directement connecté avec le business des frontières qui prévoyait un taux de croissance de 6,2 % entre 2017 et 2021 selon la plateforme Research and Markets. [...] À Calais, la « sécurisation » de la frontière franco-britannique bénéficie à*

---

135 *Idem,* p.40.
136 *Idem,* p.44.

Cette forme de pouvoir nécessite d'abord que nous soyons de plus en plus nombreux·ses à la reproduire : agents de l'état, mais aussi citoyen·ne·s qui contrôlent d'autres citoyen·ne·s dans le but ultime que chacun·e soit assez aliéné·e et terrorisé·e pour ne pas dévier de l'idéologie dominante.

Une meilleure analyse du fonctionnement pouvoir nous permet d'avoir des stratégies mieux adaptées en tant que mouvement politique. Face à un état violent et autoritaire, comment résister ? Quelles sont les stratégies queers féministes et décoloniales face à la violence masculine ? Peut-on s'en inspirer ?

Pour devenir et rester un homme, les individus masculins sont incités à reproduire les modèles de domination. Dans ce contexte, comment être un homme sans dominer et exploiter les autres ? Qu'est-ce que la masculinité en dehors de ce modèle ? Comment être masculin sans être un homme ? Comment être un *mauvais* homme, une personne masculine antipatriarcale ?

Les individus qui essaient d'être *des hommes, des vrais*, ne réussissent pas toujours. Et c'est tant mieux. Les rapports entre domination, pouvoir et masculinité doivent bénéficier des expériences et des théorisations des masculinités postcoloniales et déviantes. Être un homme dans un contexte où il est impossible de dominer est une question à laquelle les masculinités postcoloniales ont été confrontées. Elles ont développées plusieurs stratégies, des bonnes et de moins bonnes. Les dissident·e·s, quant à elleux, incitent les hommes à désobéir à leurs pères, à être de mauvais élèves, à aimer leurs partenaires de jeu, à se comporter comme des tapettes férales et à trahir en acte la masculinité dominante. Il nous faut nourrir

---

137 *Idem,* p.57.

cette myriade de possibilités afin d'inspirer de nouveaux modèles.

La mort des fictions dominantes n'implique pas la disparition des individualités, mais un changement notable du fond et de la forme. Sans cela, il ne peut y avoir de place pour de nouveaux éléments. Comme dans toute grande œuvre alchimique, il va falloir passer par la désintégration afin qu'il ressorte de cette opération une matière honorable et vivante. En interrogeant le rapport entre écologie et masculinité, il nous faut rejeter les masculinités écocides pour valoriser celles qui font du lien, qui participent au soin. Des masculinités qui cassent les hiérarchies en semant le trouble. Des hommes qui refusent le pouvoir qui leur est attribué par la structure sociétale. Des identités masculines férale qui transforment le pouvoir en puissance, qui le détournent pour développer une masculinité féministe, décolonisée, traître à la patrie, à l'économisme, à la solidarité mâle et à la violence guerrière. Dès lors, ce qui s'oppose à la violence, ce n'est pas la non-violence[138], mais le soin en tant que pratiques adaptatives qui développent la puissance intérieure. Ceux qui s'acharnent dans la performance masculine dominante doivent prendre au sérieux le mensonge moderne qui affirme que leur puissance est issue du pouvoir qu'ils exercent sur les autres (le *pouvoir-sur*). Nous les invitons à grandir et à trouver d'autres valeurs fondatrices de leur relation aux autres, d'autres définitions de la force et de la beauté.

---

138 Voir Peter Gederloos, *Comment la non-violence protège l'État. Essai sur l'inefficacité des mouvements sociaux*, Éditions Libre, 2018.

VISION ORGANIQUE

« L'agenda féministe ne concerne pas l'égalité des droits pour les femmes. C'est un mouvement socialiste, contre la famille qui encourage les femmes à quitter leur mari, tuer leurs enfants, pratiquer la sorcellerie, détruire le capitalisme et devenir lesbiennes. »

Pᴀᴛ Rᴏʙᴇʀᴛsᴏɴ, télévangéliste

« Dans la nature, rien n'existe tout seul. »

Rᴀᴄʜᴇʟ Cᴀʀsᴏɴ

L'essence et la matière

Ma rencontre avec les écoféminismes[139] a été tardive et demeure sélective : mon expérience du sexisme m'a rendue méfiante des discours associant « femme » et « nature » . Cependant, plus je m'intéresse à l'écologie, plus la stratégie de rejeter tout lien avec « la nature » me semble constituer une impasse.

En effet, les mouvements féministes occidentaux se sont construits en rejetant l'analogie entre *femme* et *nature* pour revendiquer des droits similaires aux hommes. Elles ont combattu l'argument principal d'une infériorité « naturelle » des femmes pour proclamer leur appartenance à l'humanité. Cette stratégie qui consiste à s'assimiler à la culture et à prendre les dominants comme modèle d'émancipation rencontre pourtant des limites. En se rangeant sous le masculin-universel, les féministes blanches revendiquent les mêmes droits, les mêmes aptitudes à raisonner, à travailler, mais aussi à exploiter les autres groupes.

Les écoféministes ne sont pas les apôtres de l'essentialisme. Ce dernier circule déjà dans toute la société : depuis la bouche de nos parents jusque dans les médias, il transpire dans les discours politiques, déborde dans le domaine médical et s'installe sans dire son nom au sein de nombreux collectifs politiques. Partout où la culture patriarcale domine, la tentation est forte d'opter pour une définition biologique de la catégorie « femme ». Dès lors, éviter les apports estampillés écoféministes équivaut à laisser de

---

139 L'écoféminisme est la convergence des luttes écologiques et de la critique féministe. Au sein de ce mouvement hétérogène émergent des échanges autour de l'exploitation des femmes et des assauts contre le Vivant. Les écoféministes affirment que l'écologie et la libération des femmes ne sont pas des mouvements distincts. Elles lient les sujets dominés dans la lutte contre un même système.

côté des questions fondamentales dans un contexte où l'intérêt pour l'écologie est grandissant. Les écoféminismes représentent des pensées et des pratiques très diversifiées avec leurs radicalités, leurs éclats et leurs tâtonnements. Ils méritent d'être contextualisés pour aborder les liens entre l'exploitation sexiste et celle du Vivant d'un point de vue anticapitaliste, décolonial et queer. L'alliance de l'écologie et du féminisme a donné naissance à de nombreux champs de réflexions et d'actions, je sélectionne ici certaines questions qui m'intéressent particulièrement, sans pour autant être exhaustive.

Dans de nombreux contextes de résistance, l'essentialisme constitue une stratégie temporaire. La particularité des féminismes décoloniaux est d'élaborer des stratégies de libération à partir de leurs propres expériences et non pas à partir d'un modèle féminin et féministe occidental érigé comme universel. Certains utilisent la catégorie « femme » et « indigène » pour s'organiser. On parle alors d'essentialisme stratégique[140] : la nécessité provisoire d'intégrer des catégories essentialistes pour lutter contre les dominations. Cependant, elles ne sont pas des identités fixes. Pour Gloria Anzaldùa, écrivaine féministe, queer et militante chicana, les identités politiques de race, genre et sexualité sont des catégories de transition. Elles ne sont pas des vérités éternelles, mais des outils.

> *« D'une part, dire à haute voix qui nous sommes, en insistant sur le contrôle de ces définitions, est crucial pour notre capacité à travailler avec les autres. Pourtant, si nous ne pouvons pas gérer la simultanéité – l'inconfort de devoir admettre que l'identité est à la fois fixe et fluide, à la fois singulière et multiple – nous sommes facilement amenés à faire cause commune uniquement avec des personnes aussi semblables à nous-mêmes que possible ; Autrement dit, tracer des frontières strictes peut*

---

140 Voir Gayatri Chakravorty Spivak, *Les Subalternes peuvent-elles parler ?*, Amsterdam, 2020.

conduire au même nationalisme qui a si récemment dévasté l'Europe et l'Afrique et qui, au niveau local, rend si difficile le travail en coalition et la confiance mutuelle »[141].

L'idée d'une essence féminine commune à toutes les femmes (essentialisme) et celle d'une proximité forcée avec l'environnement naturel (naturalisme) interdisent toute individualité et critique des systèmes. De plus, une définition essentialiste de la catégorie « femme » exclue un grand nombre de sujets subissant le sexisme : les trans, les gouines, les pédales, les travestie·s, les intersexes et les femmes racisées, toustes celleux qui n'incarnent pas une féminité hégémonique.

D'une façon générale, les écoféministes affirment que l'oppression du Vivant fait partie de la culture patriarcale : les hommes[142] se comportent avec la nature comme ils se comportent avec les femmes. Il s'agit d'un même système de domination et d'exploitation. Dès lors, ce qui nous est commun, n'est pas une essence, mais des expériences d'oppression. Le patriarcat s'approprie le travail et le corps des « femmes » comme les capitalistes s'approprient la « nature », afin d'en prélever un surplus.

La féminité est un travail et une performance forcée. Au sein de cette économie de la féminité, il faut prendre en compte le travail de celles qui sont qualifiées de femmes par les patriarches, mais aussi celui des enfants, des personnes queers, des colonisé·e·s, des esclavagisé·e·s et des travailleur·se·s du sexe qui profitent à l'androcolonialité. De nombreux sujets marginalisés connaissent un déficit de pouvoir et des mécanismes extractivistes au sein du système patriarcal. Ce sont souvent les mêmes qui sont engagés dans des tâches essentielles de maintien de la société. Ces tâches nécessitent une performance de genre et de race. Il n'y a rien de

---

141 Voir Gloria Anzaldùa, Analouise Keating, *This Bridge we call home,* Routledge, 2002, p.455-456.
142 Dans la dernière partie, je définis plus en détails la catégorie « homme ».

naturel dans ces rôles. En fonction de leur position sociale, certaines personnes parviennent mieux que d'autres à correspondre à la catégorie « femme », c'est-à-dire à reproduire un modèle culturel exigeant. Au même titre que la « nature », « femme » est une construction sociale qui sert la mécanisation et la systématisation des rapports.

Au sein de l'écologie radicale, le lien entre les femmes et la nature dérive de rapports matériels, il est rattaché à une organisation économique et sociale. Dans les foyers et les emplois précaires, elles sont renvoyées à des activités écologiques, c'est-à-dire, proches des processus vivants et de l'économie des ressources : préparation des repas, nettoyage, courses, conservation des aliments, recyclage des déchets, gestion de l'eau et des ressources comme le bois, en plus du soin apporté aux animaux, à la terre, à la famille et à la communauté. Dans la sphère privée comme dans celle du travail, elles sont plus exposées à la pollution générée par les grandes industries. Elles sont donc les premières victimes de la destruction des communs. Néanmoins, cette proximité délétère induit aussi des responsabilités et des savoirs écologiques précieux.

> *« Pourquoi les femmes mènent-elles des mouvements écologiques contre la déforestation et la pollution de l'eau, contre les risques toxiques et nucléaires ? Cela n'est pas dû à un soi-disant « essentialisme » féminin inné. C'est une nécessité qui s'apprend grâce à la division sexuelle du travail, car les femmes doivent s'occuper de subsistance – en fournissant de la nourriture et de l'eau, des soins de santé et du soin (care). En matière d'économie régénérative, les femmes sont les expertes, même si elles ne sont pas reconnues comme telles. Même si la subsistance constitue l'activité humaine la plus vitale, une économie masculiniste qui ne comprend que le marché la traite comme un non-travail »*[143].

---

143 Vandana Shiva dans Ariel Salleh, *Ecofeminism as politics : Nature, Marx, and the Postmodern,* Zed Books, 2017, p.10. Traduction de l'autrice.

Le genre est constamment invoqué, discuté et redéfini par les féminismes. En même temps que nous interrogeons le rapport des femmes avec ce que nous percevons comme la nature, nous devons aussi interroger le manque de lien de ceux qui s'acharnent à être des hommes. Ce n'est pas notre proximité avec le Vivant que nous devons rejeter, mais la relation de domination et d'exploitation. En tant que terrestre, notre interdépendance avec le Vivant est biologique.

Au sein d'un écoféminisme radical, les personnes subissant le sexisme relient leur émancipation à celle du Vivant. Les luttes permettent de critiquer la catégorie « femme » et celle de « nature », ainsi que leur fonction politique. Notre but est de démanteler le système oppresseur et ses catégories binaires.

Un écoféminisme radical refuse toute supériorité morale qui force les femmes à porter seules la charge de prendre soin du Vivant. Il refuse l'assimilation culturelle qui implique de faire corps avec les nécropoliticiens. Encore une fois, nous faisons partie du Vivant et cela participe de notre puissance. Nous ne pouvons prétendre nous en extraire en mimant les maîtres.

L'écoféminisme radical critique le patriarcat et ses multiples manifestations que sont le colonialisme, le féminisme universaliste et le système capitaliste. Son but est l'autonomie du plus grand nombre, par la compréhension de toutes les dimensions de la domination moderne. Au sein de cet écoféminisme, nous ne luttons pas en tant que « femme », mais en tant qu'individus en désaccord avec les catégories patriarcales et coloniales. La libération féministe concerne les sujets en tension dans les catégories binaires homme/femme, celleux qui sont constamment soumis·e·s à un déficit de pouvoir. Sans les critiques décoloniales, trans et queers, le féminisme demeure un appendice de la maison du maître et perd sa puissance de transformation.

Les corps-territoires

Mes premiers écrits étaient organiques. J'écrivais de la prose surréaliste depuis mon sexe. Je trimballais mon corps tel un monstre dramatique. Je racontais l'inceste, les viols, les coups et le suicide. Je décrivais les maux qui m'habitaient comme on décrit des symptômes à un médecin. Depuis mon ventre, je relatais ma réalité, celle de la chair violentée et des émotions interdites. Je disais la honte et les nœuds dans mes muscles. Bien que je ne l'avais pas encore perçue comme politique, cette écriture dérangeait les certitudes et générait du malaise chez certain·e·s lecteurs·trices.

Une critique adressée aux féministes, aux femmes en général et aux écoféministes en particulier, est le « manque d'objectivité » de leurs analyses et la centralité du corps et des émotions pour relater les expériences sexistes vécues. Pourtant, la question du corps est primordiale : il est notre première maison. Son fonctionnement témoigne des liens que nous avons avec le Vivant. Autant nos corps sont des territoires convoités par l'androcolonialité, autant ils sont des lieux de résistance. Ils sont animés par des désirs dissidents, des sentiments rebelles et des intelligences révoltées. Ils nous alertent sur nos limites, rendent compte de l'étendue de nos possibilités de transformation.

La violence androcoloniale est physique. Elle s'approprie les territoires, les corps, les émotions, les voix et les regards. Quand il m'était impossible de parler et de raconter, ma première libération fut quelques pattes de mouche sur le papier, entrecoupées de cris. Puis, morceau par morceau, je regagnais la mémoire, la compréhension et le pouvoir de nommer mes expériences. Mes récits faisaient écho à d'autres. Nous faisions des liens et nous devenions des groupes de mauvaises femmes : des féministes.

Encore aujourd'hui, mon corps et mes émotions sont de précieux atouts politiques. Écrire depuis mes tripes permet de résister à l'aliénation et de gérer les traumatismes. C'est dans le corps convoité par les maris et les patrons que nous expérimentons la violence et que nous travaillons à l'expulser. Il est lieu de plaisir et de guérison, l'endroit d'émergence de l'intuition-connaissance. Notre corps est notre boussole et notre athanor.

Gloria Anzaldùa disait que nous devrions mesurer la valeur de ce qu'elle écrit par combien elle s'est mise à nu et a dévoilé son intérieur. Raconter son corps peut expulser la honte, révéler nos stratégies de survie et nos forces. Ce procédé permet de poser notre théorie à l'épreuve de la chair, de cristalliser les sensations et de faire sens des émotions. Les corps-parlants sont les lieux d'émergence de la prise de conscience collective. Dans ce processus, nos stratégies personnelles deviennent des moyens de lutte, car la politique est un engagement physique : elle implique d'exposer nos corps aux regards extérieurs, aux préjugés, à la violence contre-révolutionnaire, mais aussi à la camaraderie, à l'adelphité, à la chaleur de nos amant·e·s et aux vibrations du changement.

Nous pouvons aussi utiliser les ressources transformatives de notre corporalité pour sortir de l'intellectualisme et de l'abstraction occidentale qui a servi à nier l'existence de nombreux sujets. Pour moi, l'acte de décoloniser en tant que féministe a d'abord était physique : il consistait à récupérer des morceaux de moi-même. Embrasser la sauvage en moi implique un corps dénudé des apparats de la colonialité et des injonctions patriarcales, d'accueillir des sensations qui ne servent pas le régime hétérosexuel. Le corps féral multiplie les gestes improductifs pour le capitalisme. Il est pris d'une respiration sortie du temps de la modernité. Émerge alors une nouvelle manière d'habiter son corps et d'occuper l'espace, une nouvelle écologie.

Les questions de l'intime ne sont pas séparées des questions structurelles et des rapports de pouvoir qui régissent notre société. Les femmes colonisé·e·s ont été doublement renvoyées à la nature, de par leur « sexe » et de par leur « race ». Leur corps est construit comme un amalgame de stigmates qui renvoient à la nature en les expulsant de l'humanité. En fonction de leur racisation dans le système colonial, elles sont perçues comme des corps-territoires : des terres vierges à conquérir, à brûler, à labourer et/ou à faire fructifier. En même temps, elles servent de distraction et d'exutoire sexuel à la masculinité patriarcale. Ces analogies non-désirées entre leur corps et les terres colonisées ainsi que les tâches forcées par l'androcolonialité au sein de la communauté ont créé des alliances entre les femmes et les territoires.

Lorena Cabnal est une militante Maya Kekchi et aussi Xinca du Guatemala qui se définit en tant que *féministe communautaire*[144], un féminisme ayant pour but de récupérer la terre et de la défendre. La militante raconte un *processus de revitalisation de l'identité ethnique personnelle et collective*. Elle explique le *lien* entre *son corps, le territoire et la Terre* en

---

144 « Corps-territoire et territoire-terre » : le féminisme communautaire au Guatemala, Entretien avec Lorena Cabnal », Propos recueillis et traduits par Jules Falquet, *Cahiers du Genre*, 2015/2 n° 59, pp.73-89.
Voir aussi le féminisme communautaire porté par le collectif anarcha-féministe bolivien *Mujeres Creando*, dont une des membres Adriana Guzman explique: *« Pour nous, le féminisme est le combat de n'importe quelle femme, dans n'importe quel endroit du monde, à n'importe quelle époque de l'histoire, contre un système qui l'opprime ou qui veut l'opprimer. De n'importe quelle femme parce que nous pensons que ce n'est le privilège de personne ; dans n'importe quel endroit du monde parce que ce n'est le privilège ni de l'Europe, ni de l'Amérique du Nord ; et à n'importe quelle époque parce que nous ne pensons pas que le féminisme soit né en 1789 avec la Révolution française. La résistance des femmes existait déjà à Abya Yala. Nos grands-mères résistaient déjà à ce patriarcat originaire, parce que c'est naturel, parce que les femmes ne se laissent pas opprimer librement. Les femmes ont développé ici une résistance à toutes les relations de pouvoir, à partir de leurs corps. »* https://www.alterinfos.org/spip.php?article6221

revendiquant *une définition politique — et non pas essentialiste — de l'identité ethnique.* Son expérience d'organisation dans la montagne Xinca avec d'autres femmes pour une meilleure vie est indissociable de l'espace où leurs liens se sont tissés. L'organisation fut d'abord clandestine et prenait place au bord de la rivière, aux champs, au moulin à maïs ou dans la forêt. Les femmes se protégeaient de la répression de l'état et des représailles au sein de la communauté. Elles se défendent contre les violences sexuelles, les féminicides et les industries minières transnationales qui exploitent leur corps et le territoire.

Leur slogan est *défense du corps-territoire et du territoire-Terre.* Plus qu'une alliance, ce lien indéfectible fait sens dans un contexte où la communauté dépend de la terre pour son autonomie. Il relie les maisons entre elles. La terre fait partie de la communauté. Le corps fait partie de la Terre. Cette relation symbiotique renforce les arguments de leur lutte dans un contexte patriarcal où la communauté indigène lutte aussi face au colonialisme. Elles disent : pas de défense de la Terre sans lutte des femmes. En tant que sujet politique, elles revalorisent ainsi leur place au sein du groupe : leurs vies sont replacées au centre des luttes et non en marge.

Dans la pratique, les femmes s'engagent physiquement face aux armes et à la violence masculine de l'état et des capitalistes. Les féministes communautaires replacent le corps exploité et dominé, perçu comme faible et inapte, en tant qu'élément important de la libération. Ainsi, elles accordent de la place aux processus physiques dans le combat. L'ancrage corporel et les émotions qui les animent tissent un réseau de connexion à la terre. Les vies et les problématiques humaines ne sont pas déconnectées du territoire : elles s'interpénètrent au quotidien. Quand les pratiques industrielles intoxiquent la terre, elles rendent aussi malades les corps qui travaillent la terre. Lorena Cabnal nous apprend que les liens avec le

Vivant sont tout aussi physiques que psycho-affectifs.

En tant que survivante d'inceste, Lorena Cabnal parle aussi du corps qui subit les violences patriarcales. En 2015, elle fonde TZK'AT (qui signifie « réseau » en kekchi), le « Réseau de Guérisseuses Ancestrales du Féminisme Communautaire d'Iximulew » au Guatemala. Composé de médecins, de sages-femmes et de guérisseuses traditionnelles, ce réseau a pour but de soutenir les victimes de violences et envisage la guérison comme une nécessité politique.

À l'opposé, reconnecter aux racines, à la terre et à son corps pour lutter politiquement n'est pas une stratégie répandue parmi les féministes occidentales.

> *« Pourtant, le corps est une puissance politique pour l'émancipation. Mais le corps, 'en général', a été mutilé de son histoire avec la nature. Un mécanisme patriarcal a été introduit dans les cultures indiennes pour établir l'hétéro-sexualité, pour l'affirmer comme quelque chose de naturel et d'évident. Une des questions consiste à savoir comment tout cela — le pouvoir et les rapports mercantiles — a été internalisé, repris dans les cultures indiennes au point d'être désormais considéré comme faisant partie de traditions éternelles »[145].*

Pour les féministes communautaires, la coupure avec le corps et avec la terre est héritée de l'aliénation coloniale. Les indigènes ont été forcé·e·s à travailler, en particulier à exploiter la terre au profit des colons. Pour rendre cela possible, le régime colonial a exterminé les pratiques anciennes de soin du territoire et réduit les corps à des enveloppes serviles et honteuses. « La mission civilisatrice » vantée dans les livres d'histoire occidentale est en réalité une longue suite d'exterminations, de tortures et de viols systématique qui s'est inscrite dans les corps indigènes et les

---

145 « Corps-territoire et territoire-terre » : le féminisme communautaire au Guatemala, Entretien avec Lorena Cabnal ».

territoires. Les violences ont imposé le nouveau paradigme occidental : la vision d'un monde interconnecté a été supplantée par la vision mercantile, réifiante de la nature et des corps.

Réhabiliter le corps, s'intéresser à ce qui a été dévalué, caché et détruit est un passage puissant de la lutte qui ne peut pas être balayé d'un revers de main parce qu'il ne fait pas partie de l'attirail intellectuel du maître. Le système colonialiste a confisqué les terres et l'autonomie des femmes indigènes comme celles des sorcières européennes. Les liens entre les membres de la communauté ont été coupés. Avec eux, l'organisation et les savoirs traditionnels qui préservent la communauté entière. La perte de terre et du lien avec le Vivant engendrent la précarité des femmes et des colonisé·e·s, car pour survivre, iells n'ont d'autre choix que de dépendre du système patriarcal et colonial par le mariage et le travail.

Dans plusieurs pays d'Abya Yala[146], les féministes communautaires luttent en même temps contre le patriarcat, le colonialisme, le capitalisme et le racisme. La lutte pour leur autonomie est collective et s'attaque aux racines des oppressions. Le cas des femmes de la montagne Xinca n'est pas isolé. Dans une lettre adressée « *Aux femmes qui luttent dans le monde entier* », des femmes zapatistes de la région mexicaine du Chiapas communiquent l'urgence de la lutte anticapitaliste :

> *« Ils veulent que nos terres ne soient plus pour nous mais pour les touristes qui viennent se promener, pour qu'ils aient leurs grands hôtels et leurs grands restaurants, et pour tous les commerces nécessaires à ces luxes de touristes. Ils veulent que nos terres se convertissent en grandes exploitations productrices de bois précieux, de fruits et d'eau, en mines pour extraire l'or,*

---

146 Terme utilisé par les nations indigènes du continent que les colons ont nommé « Amérique », d'après Amerigo Vespucci, un envahisseur italien. Il permet aux nations indigènes de se détacher des identités coloniales et de penser une unité de résistance.

l'argent, l'uranium, et tous les minéraux (...). Ils veulent faire de nous leurs ouvrières, leurs servantes, que nous vendions notre dignité pour quelques pièces par mois. (...) C'est à nous de lutter pour que ne se répète pas l'histoire dans laquelle nous retournons dans ce monde où nous sommes seulement là pour faire à manger et accoucher d'enfants, pour les voir ensuite grandir dans l'humiliation, le mépris et la mort. (...) Car c'est ce qu'ils veulent, compañera, soeur, ils veulent que sur notre propre terre, nous nous convertissions en esclaves qui reçoivent des aumônes pour les laisser détruire la communauté. (...) Nous allons lutter avec tout ce que nous avons et de toutes nos forces contre ses mégaprojets. S'ils réussissent à conquérir ces terres, ce sera sur notre sang, sur le sang des femmes zapatistes »[147].

Les mutations s'opèrent à partir de nos corps et de nos expériences. Le corps est la première maison de laquelle nous sommes dépossédé·e·s par le système androcolonial. Il est visé, réifié, animalisé, mécanisé et forcé à la (re)production. C'est donc aussi le lieu privilégié de nos luttes radicales, à partir duquel nos racines s'enfoncent dans la terre, puisent des forces et tissent des liens, afin de se déployer fièrement dans le monde.

Soin, responsabilité et vulnérabilité

À l'ère du thanatocène, la vie est régulièrement menacée par la guerre et l'exploitation, des activités auxquelles s'adonnent les industriels et les

---

147 *Lettre des zapatistes aux femmes qui se battent dans le monde*, février 2019, https://enlacezapatista.ezln.org.mx/2019/02/21/lettre-des-zapatistes-aux-femmes-qui-se-battent-dans-le-monde/

politiciens. Pour que la planète puisse demeurer un lieu vivable, d'autres doivent réparer, soigner et nettoyer. Dans une perspective féministe, le *care* – le soin - a été théorisé afin de redéfinir sa valeur politique :

> *« Au niveau le plus général, nous suggérons que le care soit considéré comme une activité générique qui comprend tout ce que nous faisons pour maintenir, perpétuer et réparer notre "monde", de sorte que nous puissions y vivre aussi bien que possible. Ce monde comprend nos corps, nous-mêmes et notre environnement, tous éléments que nous cherchons à relier en un réseau complexe, en soutien à la vie. (…) Nous y incluons la possibilité que le care s'applique non seulement aux autres personnes, mais aussi à des objets et à l'environnement»*[148].

La signification politique et écologique du soin nous apprend que celles qui sont engagées dans le *care* sont celles qui soutiennent le monde et lui permettent de continuer. Parmi la multitude d'injonctions sexistes, celle de prendre soin de son environnement familial et naturel est récurrente. « Prendre soin » est une caractéristique centrale des écotopies. Cependant, telle qu'elle est organisée dans les sociétés modernes, cette activité impose aux plus précaires d'assurer le maintien d'une société de plus en plus défaillante et d'essuyer les conséquences des catastrophes en cours.

Dans la culture androcoloniale, l'empathie et le soin sont perçus comme des qualités inférieures, des tâches dévolues aux personnes issues de classes précaires, en majorité des femmes racisées. Non seulement ce travail de soin est dévalorisé, mais en plus, une part importante de celui-ci est effectué gratuitement par des individus qui doivent jongler entre plusieurs activités, et sans plus de temps et d'énergie pour assurer leurs propres besoins. Le *care* demande des efforts d'attention constants, de l'empathie, de l'intuition, de l'anticipation, de l'intelligence émotionnelle et

---

148 Berenice Fisher et Joan Tronto, *Un monde vulnérable : Pour une politique du care*, La Découverte, 2009, p.144.

de vastes savoirs techniques, comme de la créativité, pour répondre aux problèmes. Cependant, le soin profite en grande partie aux dominants.

Ce sacrifice institutionnalisé est considéré comme *normal* ou réduit à des *vocations* personnelles. Parmi nous, des personnes seraient *naturellement* plus enclines à soigner, elles pourraient mieux supporter l'effort et les conséquences psychologiques et physiques du *care*. C'est ainsi que sont construits les corps des prolétaires et ceux des personnes racisées dans les systèmes de domination : comme des corps qui *supportent* le travail et peuvent aller au-delà des limites humaines.

L'épisode de la pandémie de Covid-19 en 2020 nous a montré quels corps pouvaient bénéficier aisément de soin et lesquels sont abandonnés et même condamnés par les politiques d'état. Les hiérarchies androcoloniales se renforcent sous la pression économique et écologique, maintenant les dominants à distance des conséquences du thanatocène. Cette déconnexion des réalités les rend non seulement inaptes à l'exercice du pouvoir politique qu'ils monopolisent, mais en plus, elle les place dans une situation où ils ressentent peu le besoin d'un changement radical.

En effet, l'exercice du care par les subalternes n'est pas sans impact sur les dominants, il cache une dépendance aliénante. Si une partie du monde a survécu aux désastres industriels, ce n'est pas grâce au progrès et à la gestion occidentale des ressources, mais parce qu'une partie importante de la population est forcée d'exercer cette part de collaboration et de soin inhérente à l'appartenance au Vivant et à la vie sur Terre. Tandis que les dominants jouent à la guerre et vivent leur fiction individualiste, les subalternes maintiennent un équilibre vital. Les dominants, les « forts » ne sont pas autonomes. En plus de posséder des biens matériels qui leurs facilitent l'existence, ils bénéficient constamment de soin de la part des *autres*. Les forts ne sont pas forts tous seuls. Au contraire, ils sont encore plus vulnérables. Leur aliénation entretient un déni vis-à-vis de cette dépendance et même une incapacité à l'autonomie.

> *« Ce déni de la masse de travail mobilisée pour garantir l'indépendance de certains est bien le déni des activités de care, mais aussi bien de la vulnérabilité des dominants »*[149].

Nous devons prendre au sérieux l'aliénation des dominants et leur distanciation avec une grande partie du monde. L'androcolonialité construit des sujets dont l'illusion de supériorité est incompatible avec toute forme de vulnérabilité et d'empathie.

Ces caractéristiques se révèlent aussi au niveau institutionnel. L'état français libéral n'assume pas son devoir de soin envers les personnes les plus vulnérables : les migrant·e·s, les enfant·e·s, les étudiant·e·s, les handi·e·s, les personnes âgé·e·s, etc. Ce rôle est pris en charge par des associations, des bénévoles et des collectifs qui sont dépassés et manquent de moyen. De plus, il aggrave leur situation par l'exercice de violences à travers sa police, ses administrations et la libéralisation des services publics. Selon le discours républicain, l'organe de l'état qui devrait « Servir et Protéger » la population, donc lui faire du care, serait la police, autrement nommée « les forces de l'ordre ». Peut-on imaginer que cette institution soit l'institution centrale qui prodigue du soin ?

Dans les politiques du care, la centralité de la notion de *responsabilité* nécessite de porter à charge celle des gouvernants et des institutions. La démission de l'état dans les activités qui permettent le maintien de la vie nous interroge alors sur son utilité actuelle et la forme de gouvernance à promouvoir dans une société écologique, féministe et décoloniale. Quels en seraient les organes essentiels ? Il s'agit d'un renversement de valeurs mais aussi des institutions.

---

149 Sandra Laugier, *Care, Environnement et Éthique Globale*, L'Harmattan, Cahiers du Genre, 2015/2 n° 59, p.130.

Tout le monde a besoin de care. Le mythe d'une société où seul·e·s les enfants, les malades, les handi·e·s et les personnes âgées auraient besoin de soin, est tenace. La vision de notre interdépendance rend tous les êtres potentiellement vulnérables, chacun·e ayant besoin de soin et d'attention à certains moments, et nécessitant qu'à leur tour, iells soient donneur·se·s de care à d'autres moments. Plutôt qu'une ponction des dominant·e·s sur les autres, le care peut devenir un échange, une pratique valorisée, un fondement organisationnel. Le care comme mode relationnel permet d'abandonner l'idée d'individus isolés en compétition pour leur survie. Notre survie ne dépendrait pas de nos possessions matérielles et de notre capacité de dominer, mais de notre faculté à participer aux échanges et à l'entraide.

Nous savons faire preuve de compétition, en tant que société, nous l'avons prouvé. Cependant, la qualité collaborative nécessaire à notre survie est défaillante. Acquérir la capacité de collaborer est un processus sociétal qui nécessite d'abord de reconnaître et valoriser les activités de soin. Le soin comporte donc des enjeux radicaux, féministes, décoloniaux et écologiques. Il met au centre des préoccupations politiques, des pratiques, des activités, des comportements qui vont à l'encontre de l'idéologie libérale méprisant la vulnérabilité.

Le care radical et politique n'est pas tourné vers la préservation individualiste : il produit du dialogue ; il complexifie les relations plutôt que d'évaluer les besoins en masse ; il engage un mouvement pour répartir la charge de nettoyer, nourrir et soigner. Plus systématiques, les actions de care deviendraient même plus efficaces. L'attention et le soin en s'inscrivant dans les habitudes font émerger une nouvelle culture politique et un nouveau paradigme : *Toustes vulnérables, toustes responsables*[150]. L'idée que nous soyons toustes interdépendant·e·s et vulnérables implique

---

150 *Idem* p.12. op.cit. « *Tous vulnérables, tous responsables.* »

que les différences entre les membres de la communauté ne soient pas hiérarchisantes. Celleux qui ont besoin d'assistance ne sont pas perçu·e·s comme des fardeaux ou des sujets inférieurs puisque tout le monde bénéficie et prodigue du soin, d'une façon ou d'une autre. Cette vision rejoint notamment celle des militant·e·s contre le validisme :

> *« Les études sur le handicap suggèrent que chaque individu possède des capacités différentes. Chacun·e joue un rôle important dans la communauté mondiale et est précieux dans un contexte écologique plus large »*[151].

Nous pouvons dès à présent cesser d'entretenir celleux qui participent à l'écocide et à l'androcolonialité et rediriger notre attention et nos ressources vers celleux qui sont à la base du soin. Le soin et le don peuvent constituer les valeurs d'une autre économie pour engendrer une mutation profonde des institutions. Au sein des écotopies, le care permet d'établir des économies circulaires, non monétaires. La vision organique rend compte des flux et des cycles qui font des écotopies des systèmes adaptatifs. Elle fait dans le détail pour ensuite se relier au global, car la résolution de certains problèmes que nous rencontrons demandent une attention particulière et minutieuse autant qu'une vision large et même cosmique. Comment fonctionnerait une police qui ne perçoit pas les citoyen·ne·s comme des menaces mais comme des personnes vulnérables envers lesquelles elle a une responsabilité de protection et de service ? Ainsi le care et ses activités ne sont plus des charges découlant d'une psychologie féminine ni des charges morales que la société fait porter aux femmes et aux racisé·e·s, mais l'affaire de toustes : un projet écopolitique. Au-delà de

---

151 Anthony J. Nocella II, *Defining Eco-ability Social Justice and the Intersectionality of Disability, Nonhuman Animals, and Ecology*, in D*isability Studies and the Environmental Humanities – Toward an Eco-Crip Theory*, Sarah Jaquette Ray et Jay Sibara, University of Nebraska Press, 2017, p.141-167. Traduction de l'autrice.

la bienveillance, le care modifie radicalement les relations et les activités humaines : il porte attention aux choses et aux gestes simples, ceux du quotidien, parfois microscopiques, pour leur rendre toute leur importance dans les processus vivants. Il permet d'avoir une conscience accrue des conséquences de nos actions, en dehors du cadre de la morale. Dans le domaine écologique, cela signifie que chaque geste est important, chaque personne a une responsabilité, chaque micro-organisme a un rôle essentiel. Cette idée permet de sortir du *jem'enfoutisme* ambiant - *I don't care*, rendu sexy par l'individualisme libéral. Nous en avons quelque-chose à foutre de la pollution, du manque d'eau, de la nourriture-poubelle produite par les industriels, des écocides et du désastre en cours ; car « en avoir quelque-chose à foutre » signifie que nous allons passer à l'action, faire quelque-chose pour changer notre trajectoire.

Résistances inter-espèces

Au sein d'une utopie organique, ranimer signifie aussi redonner une âme à ce que la culture dominante à réifier. La séparation avec le reste du Vivant entraîne l'apathie. La normalisation de la guerre rend possible la cruauté à grande échelle. Sortir du mécanisme et de l'économisme permet de valoriser l'empathie envers les humains et autres formes vivantes. Pour sortir de l'anthropocentrisme, nous avons besoin d'une redéfinition plus large de la communauté.

Entretenir des liens avec d'autres formes vivantes, nouer des complicités avec elles, permet de repenser nos valeurs politiques et relationnelles. En dehors de la hiérarchie capitaliste, la communauté est redéfinie en élaborant des politiques inter-espèces. Elles prennent en compte les besoins autres qu'humains au sein d'espaces que nous partageons et que nous ne sommes pas seul·e·s à cultiver, à soigner et à habiter. Cette conscience organique est inscrite dans les croyances et les pratiques quotidiennes de nombreuses cultures pré-capitalistes. Les utopies sauvages proposent de changer nos rapports politiques entre humains, mais aussi de prendre en compte les besoins des vaches, des arbres ou encore des champignons.

Dans la vision mécanique, la vache est la femelle reproductrice de l'espèce bovine, la machine qui produit la viande, le lait et le fromage. Quand elle ne répond pas à cette utilisation humaine, intervient alors le « génie génétique » pour forcer la production de lait dans leur corps. En france, notre lien avec les vaches est conditionné par l'industrie laitière. Il s'agit de la deuxième industrie française avec Danone et Lactalis en tête, devant le géant Nestlé, dont les pratiques ont été dénoncées à plusieurs reprises[152].

Pour Vandana Shiva, l'assujettissement a rendu les vaches « folles ». La maladie de la vache folle (ou encéphalopathie spongiforme bovine) est une maladie dégénérative du système nerveux central développé chez les bovins dans le contexte industriel du Royaume-Uni. Il a été développé chez les vaches qui mangeaient des farines animales. Notamment en raison de sa transmission possible aux humains, la maladie a provoqué une crise dans les années 90. Une de ses conséquences a été la diminution de la consommation de viande en Europe. Pour Vandana Shiva, « *Les « vaches folles » sont la métaphore d'une civilisation industrielle, antiécologique »*[153]. On peut aussi parler d'une économie zombie, où des mains invisibles tirent les ficelles de sujets morts-vivants, dont la volonté a

152 Voir *Cowspiracy: The Sustainability Secret,* un film documentaire de 2014 réalisé par Kip Andersen et Keegan Kuhn ; Cash Investigations – *Produits laitiers, où va l'argent du beurre ?* 2018.
153 Vandana Shiva, *Restons vivantes : Femmes, écologie et lutte pour la survie,* Rue de l'échiquier, 2022. p.123.

été complètement détruite.

Tandis que l'idéologie capitaliste la réduit à une machine à rendements, dans les traditions indiennes, la vache est sacrée. La catégorie du sacré contient alors ce qui ne peut pas être transformé en marchandise, ce qui est hors de portée de la réification. Elle empêche de considérer les vaches comme des matières exploitables. Elle pose des limites à l'activité humaine. Les rationalistes ont pour habitude de tourner en dérision le lien traditionnel et spirituel qui unit les vaches aux indien·ne·s. Dans la spiritualité hindoue, les vaches sont sacrées parce que la conscience de leur rôle dans le cycle vivant et la vie agricole est ancrée dans la tradition.

> *« Elles sont les agents premiers de l'enrichissement du sol, les grand[e]s transformateur[trice]s naturel[le]s de la terre ; elles fournissent de la matière organique qui, après traitement, devient une matière nutritive de la plus grande importance »*[154].

La vache n'est pas qu'un symbole religieux, elle est un membre à part entière de la communauté, elle est une mère, *gao mata*.

Au sein de la modernité, l'exploitation bovine connaît de nombreuses résistances et révoltes auxquelles nous pouvons participer. Dans son ouvrage, *Révoltes animales*, Fahim Amir incite à une vision qui redonne leur importance et leur capacité d'agir aux animaux.

> *« Je propose de comprendre les animaux comme acteurs politiques d'une résistance, et la résistance animale comme moteur de la modernisation des formes de production capitaliste»*[155].

L'empathie implique une *« solidarité politique »* envers les autres formes du Vivant *« au lieu de se limiter à une forme de pitié surplombante »*

---

154 Vandana Shiva, *Terrorisme alimentaire : Comment les multinationales affament le Tiers monde,* Fayard, 2001, p.95
155 Fahim Amir, *Révoltes animales*, Divergences, 2022, p.23.

qu'on retrouve souvent dans les luttes pour la protection des animaux[156]. Ainsi l'antispécisme radical nous force à revoir de nombreux aspects instaurés comme des normes au sein de la société industrielle, telle que l'exploitation animale. La solidarité implique de considérer les animaux comme des sujets politiques à part entière. Pour cela, Fahim Amir nous invite à *« la réactivation d'un marxisme sauvage et imprévisible »* où toutes les formes vivantes ont une histoire marquée par les violences capitalistes et les résistances à ce système. Le Vivant ne s'épuise pas, il est exploité. Le Vivant ne disparaît pas, il est exterminé. Il lutte aussi contre la guerre et l'extermination.

Nous réalisons de plus en plus que nous ne sommes pas les seul·e·s à construire l'espace terrestre, dès lors, il est logique de prendre les décisions avec les autres habitant·e·s. Nous ne sommes pas la seule espèce à pouvoir transformer le monde, à rêver d'utopies anticapitalistes et à élaborer des plans de fugues[157].

Parmi les résistant·e·s, lae pigeon·ne est un·e complice intéressant·e. D'abord parce qu'iell est familier·e aux enfants de la ville et aussi pour sa capacité à supporter le rejet et s'imposer au sein de la modernité urbaine. Iell fait partie d'une *« écologie visuelle de la saleté »*, nous dit Fahim Amir[158]. Sa force de frappe est de conchier le monde, en déféquant sur les façades d'une civilisation hygiéniste et les pare-brises des SUV. Les pigeon·nes sont des squatteur·euse·s urbain·e·s nourri·e·s par de vieilles dames esseulées qu'on pourrait confondre avec des sorcières. *« Le pigeon est une métaphore vivante (…) de la production de solidarité en des lieux impossibles »*[159]. Contrairement à son adelphe la colombe, lae pigeon·ne

---

156 *Idem*, p.8.
157 Voir aussi Lena Balaud et Antoine Chopot, *Nous ne sommes pas seuls :
Politique des soulèvements terrestres*, Seuil, 2021.
158 *Idem*, p.36
159 *Idem*, p.42

est considéré·e comme une nuisance, une volaille inférieure. Avec les SDF et les migrant·e·s, les homosexuel·es et les putes, les pigeon·nes font partie de celleux que les bourgeois·e·s veulent effacer du paysage urbain et qui témoignent des inégalités économiques. Leurs échanges s'opèrent en dehors des radars du capitalisme. Les pigeon·nes nous emmerdent, littéralement, physiquement et philosophiquement. Iells sont sans respect pour les frontières et la séparation stricte que les humains ont imposés entre nature et culture. Loin des espaces de la nature grandiose, iells nous poussent à envisager la féralité au cœur des grandes métropoles. Lae pigeon·ne nous pousse à réaliser nos idéaux dans le béton, au cœur du capitalisme, à vivre l'utopie ici et maintenant, tel·le un·e fol·le errant·e qui passe à travers les dispositifs de techno-sécurité.

> *« D'autres manières de faire, de se défendre, de se protéger, de résister, nous devancent, nous déstabilisent ou nous renforcent : des manières animales, végétales, sylvestres, microbiennes, fongiques… Nos alliés sont multiformes, considérablement plus nombreux et divers que ce que notre imagination laisse entrevoir. Il s'agit non pas de fantasmer ces autres manières mais d'apprendre à mieux les connaître, à les rencontrer, à les défendre, à les amplifier et à les associer à nos combats »*[160].

Les luttes indiennes et africaines pour la forêt constituent d'autres exemples de résistances qui prennent en compte une vision organique. Au Nord-Ouest de l'Inde, les Bishnoï forment une communauté caractérisée par sa non-violence et son végétarisme. Le lien avec le Vivant y est un marqueur fort inscrit dans la religion et les pratiques quotidiennes. Dans l'état du Rajasthan, qui inclut le désert de Thar, les arbres sont précieux, et en particulier, l'arbre totem, le *khejri* (*prosopis cineraria*). Les forêts font partie des communs, elles sont au centre de l'organisation des

---

160 Lena Balaud et Antoine Chopot, *Nous ne sommes pas seuls : Politique des soulèvements terrestres*, Seuil, 2021, p.30.

communautés. Les luttes bishnoï contre la déforestation font partie d'une histoire ancienne qui a inspiré des révoltes modernes.

En 1730, le maharaja de la région décide de couper les arbres pour rénover son palais. Il rencontre alors l'opposition d'Amrita Devi et de plusieurs femmes et filles de la communauté bishnoï qui décident de résister en enlaçant les arbres pour empêcher leur coupe. Malgré cela, les soldats obéissent au maharaja et massacrent sans distinction les arbres et les corps des villageois·e·s. Au total, 362 personnes sont tuées. Ce martyr, inscrit dans la mémoire collective, va inspirer plusieurs luttes contre la déforestation en Inde. Parmi elles, le mouvement Chipko, porté par de nombreuses femmes, entre autres Mira Behn et Vandana Shiva. *Chipko* signifie « enlacer, étreindre ». Les corps des militantes font barrage physiquement aux machines pour empêcher l'abattage. Si la méthode se veut non-violente, elle n'en est pas moins radicale. Dans la lutte, les femmes lient leur corps à celui des arbres, elles engagent la survie de toute la communauté.

Si certaines batailles sont ainsi gagnées, la guerre contre l'exploitation forestière continue. Les femmes du mouvement Chipko se sont organisées pour inscrire leur lutte dans le temps afin de pérenniser la protection de la forêt. Elles ont ainsi gagné en capacité d'agir, leur permettant de changer en profondeur l'organisation sexiste de la communauté. Elles ont forcé leur présence dans des groupes politiques qui décidaient sans elles et favorisaient l'état et les industriels. En luttant pour des forêts, elles ont remis leurs activités et leurs rôles au sein de la communauté au centre des préoccupations politiques. Ainsi, elles ont intégré des assemblées auparavant constituées uniquement d'hommes.

Les femmes du Sud global n'ont pas besoin d'opération de sauvetage de la part des pays du Nord, que ce soit sous la forme du « développement durable » ou de la « promotion de l'égalité ». La lutte contre l'exploitation capitaliste dépend de la capacité des minorités politiques à prendre des décisions. Elles dénoncent les politiques internationales héritées du colonialisme qui s'imposent dans leur quotidien, empêchant leur autonomie et aggravant leur situation.

Sur le continent africain, dès les débuts de la décolonisation, des dirigeant·e·s ont tenté de ranimer les traditions écologiques annihilées par les régimes esclavagistes et coloniaux. Un des visages de cette résistance verte au Kenya est Wangari Maathai, biologiste, politicienne, éducatrice et militante. Surnommée « la femme qui plantait des arbres », elle fonde en 1977 *The Green Belt Movement* (le Mouvement de la Ceinture Verte) dont le but est de reverdir les régions du Sahara et du Sahel tout en favorisant l'autonomie des populations locales, en particulier des femmes. La reforestation répond à des problèmes quotidiens que rencontrent les femmes qui font face à la sécheresse, comme le manque de bois qui alimente les feux de cuisine. Cependant, planter des arbres ne suffit pas, il faut aussi en prendre soin et les faire grandir.

Ces initiatives ne plaisent cependant pas à tous les acteurs locaux. Et la plantation d'arbre, qui nécessite d'avoir accès à la terre, entre en conflit avec les intérêts financiers de commerciaux et de propriétaires terriens. Wangari Maathai fut attaquée et emprisonnée. Mais malgré les représailles, elle participa à l'élaboration de vastes programmes écologiques pour l'autonomie des africain·e·s, créant un mouvement social soutenu bien au-delà du continent.

Thomas Sankara fut le chef du Burkina Faso de 1983 à 1987. Anticolonialiste, il développa une conscience écologique et féministe au sein du panafricanisme qui ne se s'est jamais éteinte. Il relança le projet de la ceinture verte en instaurant une politique importante autour de la plantation d'arbres. Il inscrivit celle-ci dans de nombreuses pratiques populaires et quotidiennes.

« Depuis bientôt trois ans au Burkina Faso, chaque événement heureux mariages, baptêmes, décorations, visites de personnalités et autres se célèbre par une séance de plantation d'arbres »[161].

Replanter des millions d'arbres va de pair avec la volonté de raviver la sacralité de ces arbres dans les esprits. Ce faisant, Thomas Sankara transmet aussi les idées, les histoires et les pratiques qui veillent à la survie des africain·e·s et permettent d'entretenir un lien de collaboration entre espèces. L'arbre n'est pas un simple élément de décor ni une ressource convoitée, il fait partie de la communauté vivante. Autour de lui, ont lieu des rituels importants et de nombreux gestes de la vie quotidienne. Dans un contexte de désertification drastique, les arbres ont une fonction essentielle pour les humains, le sol, l'air, les plantes et les animaux. Il procure de l'ombre, améliore la qualité de l'air, atténue les vents et permet l'augmentation de l'humidité. L'arbre abrite plusieurs formes vivantes comme les oiseaux, les insectes et les serpents. Il établit des relations avec des champignons et d'autres plantes. Il est une ressource renouvelable, précieuse pour sa sève, son bois, ses fruits et ses feuillages qui nourrissent et guérissent. Sa longévité et sa solidité en font aussi un élément familier intergénérationnel. Dans les histoires, les sages, les sorcières et les chamanes trouvent refuge sous ses branchages, car il a tout vu, tout entendu, il transmet les connaissances des trois mondes. Symboliquement, l'arbre relie le monde souterrain où il étend ses racines ; la surface terrestre avec son tronc et ses branches ; et le ciel vers lesquelles s'étirent ses branches. Qui peut remettre en question son caractère sacré ?

La vision de Sankara est globale et minutieuse : elle a pour but de développer l'autonomie des communautés africaines, avec une conscience accrue des spécificités locales comme des enjeux géopolitiques :

---

161 Discours de Thomas Sankara, *Sauver l'arbre, l'environnement et la vie tout court*, 5 Février 1986.

« Ainsi formulée, notre lutte pour l'arbre et la forêt est d'abord une lutte populaire et démocratique. Car l'excitation stérile et dispendieuse de quelques ingénieurs et experts en sylviculture n'y fera jamais rien ! De même, les consciences émues, même sincères et louables, de multiples forums et institutions ne pourront reverdir le Sahel, lorsqu'on manque d'argent pour forer des puits d'eau potable à 100 mètres et que l'on en regorge pour forer des puits de pétrole à 3000 mètres ! (…) Cette lutte pour l'arbre et la forêt est surtout une lutte anti-impérialiste. Car l'impérialisme est le pyromane de nos forêts et de nos savanes »[162].

Dans son discours de 1986, il relie la lutte écologique à l'autonomie du peuple et à la résistance à l'impérialisme. Il a conscience que non seulement sa communauté n'est pas constitué que d'humains, mais en plus, elle ne s'arrête pas aux frontières du Burkina Faso, elle s'étend aux pays voisins, au continent et même au-delà.

Même après la disparition de Wangari Mathaai et de Thomas Sankara, la lutte africaine pour l'arbre et la forêt continue. Le projet panafricain de la Ceinture Verte est devenu une mosaïque qui a impulsé l'émergence de différents projets pour l'amélioration des conditions de vie des communautés du Sahara et du Sahel. La Ceinture Verte ressemble à un grand projet utopique panafricain d'influence écologique et mondiale. D'autres endroits comme l'Algérie et la Chine ont entrepris des projets verts de grande ampleur. Il est une preuve que, malgré qu'elles soient entravées ou ralenties par des enjeux économiques et les difficultés quotidiennes des populations, les utopies parviennent à s'enraciner dans les esprits et dans les sols. Et lorsqu'elle se déploient, elles prennent de multiples formes qu'il est impossible de contenir.

---

162 *Idem.*

Aucun humain n'est une île

Lorsque les humains manquent de créativité politique, d'autres formes du Vivant peuvent les inspirer. Nous pouvons apprendre même des plus petits et étranges organismes, comme les champignons. S'intéresser à leur fonctionnement permet de comprendre les relations au sein d'une communauté organique. L'histoire des mycètes[163] au sein du domaine scientifique les rend déjà particuliers : comme les pigeon·ne·s, iells font partie de la *biodiversité négligée,* du Vivant ignoré, marginalisé par des préférences culturelles et esthétiques, associé à des notions négatives[164]. Pourtant, au niveau écologique, les fongiques occupent des rôles fondamentaux en régulant le cycle carbone et en contribuant à la santé forestière. Dans le domaine de la remédiation, les champignons permettent de nettoyer les sols, les airs et les eaux en se débarrassant des substances les plus coriaces comme le plastique, les pesticides, les déchets radioactifs, les métaux lourds et le pétrole. Concrètement, nous faisons déjà de la politique avec des fongiques : ils influencent notre système immunitaire au sein du mycobiote, la communauté de champignons qui habite nos intestins et notre peau. Et ils sont présents dans notre nourriture quotidienne sous forme de levures (celles du pain) et nos médicaments (comme la pénicilline).

Au niveau relationnel, les mycètes entretiennent de nombreuses symbioses avec les plantes. La plupart du temps, il s'agit de relations mutualistes : une interdépendance bénéfique entre différents organismes qui vivent

---

163 J'utilise de la même façon les termes *mycètes, fongiques* et *champignons* pour désigner les micro-organismes (levures, moisissures) ainsi que les organismes visibles à l'œil nu dont les formes sont très diversifiées. J'ai choisi de dégenrer le mot mycète et d'en faire un mot neutre.
164 Voir plus loin la partie *Complicités fongiques.*

ensemble de façon durable. Les organismes échangent et transforment, participant ainsi à la formation des écosystèmes.

Notre corps lui-même est un organisme symbiotique : il est composé de bactéries, de virus et de fongiques avec lesquels nous entretenons des relations intimes et vitales. Il y a plus de micro-organismes dans notre intestin que de cellules qui constituent notre corps. Ces dernières sont si proches des bactéries, virus et fongiques qu'elles ne pourraient pas vivre les unes sans les autres. Cette symbiose entre bactéries et humains a eu des conséquences sur l'évolution des nos deux espèces en créant une interdépendance. *« Manger, digérer et vivre est impossible sans nos relations symbiotiques »*[165]. Les humains sont donc des agrégats, *« des communautés multispécifiques non-individuelles »*[166] qui ont évolué en co-dépendance avec d'autres formes vivantes.

Loin d'être anecdotiques, ce type de relations constitue un modèle à la base du fonctionnement terrestre. Les complicités fongiques nous enseignent qu'en tant que terrestre notre existence est déjà nouée à celles des autres. Nous faisons déjà de la politique avec des entités étranges que nous considérons comme extérieures voire comme des ennemies.

La vision mécaniste du Vivant affirme que la compétition entre individus est la force motrice de l'évolution. La croyance que les humains se sont extirpés de la nature pour survivre grâce à leurs seules capacités est mal-fondée. Au contraire, nous avons dû passer par de nombreuses formes de symbioses pour continuer la vie sur Terre. Au sein d'une vision organique, la planète est perçue comme un organisme symbiotique géant[167].

---

165 David Griffiths, « Queer Theory for Lichens », *UnderCurrents*, vol.19, n°1, 2015, p.42.

166 *Idem*, p.39

167 Lynn Margulis, *Symbiotic Planet : A New Look at Evolution*, Basic books, 1998 ; Lynn Margulis et Dorion Sagan, *L'univers bactériel : Les Nouveaux Rapports de l'homme et de la nature*, Seuil, 2002.

Lorsque nous abandonnons les identités imposées par le système patriarcal et colonial, ce qui nous définit et nous maintient en vie, ce sont les échanges que nous créons avec les autres. Ces micro-économies nous permettent de résister à la vision capitaliste d'un futur apocalyptique où domine la solitude, la compétition et la rareté. La vision organique remet en question la conception classique de l'individu « insulaire », à savoir, l'individu envisagé comme une île, isolé du reste du Vivant. Nous ne sommes pas des individus, mais des êtres symbiotiques. Aucun humain n'est une île. Nous formons des communautés complexes avec d'autres organismes à plusieurs échelles.

Pour la science contemporaine, l'idée d'une délimitation nette et biologique de l'individu devient difficile. La conception de l'individu tel que le conçoit la biologie a des conséquences sur la perception de celui-ci au sein de l'organisation sociale. Dans le contexte des sociétés industrielles modernes, que signifie concevoir les individus comme des assemblages de plusieurs espèces et non comme des unités autonomes ? Nous l'expérimentons dans la médecine comme dans l'agriculture, les impacts de la vision insulaire et mécaniste sont désastreux. L'individu, la fixité et la pureté n'existent pas. Nous sommes des assemblages en transformation perpétuelle.

Pour s'ajuster au niveau politique, cette vision organique exige une sortie radicale de la société industrielle qui s'effectue d'abord au niveau des croyances. La vision symbiotique du Vivant a émergé grâce à la technologie du microscope et l'observation des micro-organismes, mais elle est impossible à voir avec les lunettes idéologiques de la modernité. Nos croyances et nos pratiques sont liées à une vision du monde et motivées par des besoins matériels.

Une autre particularité des mycètes est la diversité et la quantité d'interactions qu'iells créent avec les autres espèces. La forêt est une communauté vivante et un modèle organisationnel en grande partie grâce aux échanges qu'opèrent entre eux les différents organismes. Lorsque nous nous promenons dans la forêt, nous marchons sur des millions de kilomètres de mycélium, la partie souterraine des champignons. Ces formes à chapeau et à pied que nous voyons pousser à la surface émergent depuis ce réseau. *« Le mycélium est un tissu écologique de connexion, la couture vivante qui relie la quasi-totalité du monde »*[168]. Comparable au système nerveux central de la Terre, cette structure en toile intelligente est composée de filaments blancs (hyphes) pouvant être confondus avec le système racinaire des plantes. Ce réseau souterrain relie entre elleux les habitant·e·s de l'écosystème-forêt. Il est capable d'accumuler des réserves en attente des conditions propices pour l'émergence des champignons à la surface. De plus, il peut fureter loin dans l'espace et permettre à d'autres organismes d'échanger des informations et des nutriments.

Le mycélium est un modèle anarchiste de par sa capacité à résister à l'ordre. Son fonctionnement est décentralisé. Pour les scientifiques, il est difficilement compréhensible, car il n'a ni cœur ni cerveau. Il n'a ni chef ni président. Ainsi, un seul fragment de mycélium peut se régénérer et reproduire un réseau entier.

> *« Il n'y a pas de centre opérationnel, de capital ou de siège de gouvernement. Les fonctions de contrôle sont décentralisées : la coordination mycélienne a lieu en même temps partout et nulle part en particulier»*[169].

Pour nous inspirer, les champignons sont la métaphore d'une résistance anticapitaliste efficace : omniprésente, protéiforme et organisée en réseaux souterrains puissants. Et cette source de puissance profite à toute la société.

---

168 Merlin Sheldrake, *Le monde caché : Comment les champignons façonnent le monde et influencent nos vies*, First, 2021, p.80.
169 *Idem*, p.86.

Parmi les champignons, les saprophytes tiennent des rôles importants dans les cycles de la matière et la circulation des nutriments : ce qui ne sert plus à un organisme pourra aider un autre à survivre, le cadavre de l'un est le futur repas de l'autre. *Rien ne se perd, rien ne se crée, tout se transforme*, pourrait être leur devise. Ces mangeurs de matière morte sont les spécialistes de la métamorphose, et, à ce titre, ils sont des sources d'inspiration pour les périodes de transition et les mutations futures. Car plus nous cheminons vers les ruines, plus nous réaliserons que les écotopies ne se construisent pas qu'entre humains.

Marginalisé·e·s et organismes dissidents héritent de la matière morte, des déchets et des ruines. Les terres qui accueillent l'adelphité organique sont malades, mal-accessibles, dures à vivre, parsemées de trous et de cratères. Les déviant·e·s et les exclu·e·s sont déjà familiarisé·e·s avec les ruines. Iells éprouvent du désir pour les corps touffus, désordonnés, les parties visqueuses, les membres tordus, les peaux rugueuses et les cicatrices. Iells baignent dans l'indomptable, l'irrationnel, le bordélique et la toxicité. Pour les sujets précaires, les ruines ne sont pas qu'une métaphore, elles décrivent leur quotidien. Les ruiné·e·s perçoivent la fragilité du paradigme mécaniste et son entrée dans un processus de pourrissement. Iells chantent et dansent dans les décombres, car iells savent que les ruines sont le destin de tous les empires.

Au sein des écotopies radicales, les informations, les ressources et le pouvoir circulent de manière fluide. L'accumulation au détriment d'autres vies n'a aucun sens. Le mycélium nous enseigne qu'une des formes de vie les plus efficientes est basée sur l'échange aux bénéfices mutuels, qui a d'abord été perçu comme un dysfonctionnement par les mécanistes. Revoir les échanges entre les sociétés humaines et le Vivant va devenir un champ essentiel de la politique. Notre attention doit se porter au-delà des évidences, des croyances et du visible, sans romantisation du Vivant, ni diabolisation des processus que nous ne maîtrisons pas, auquel cas, nous risquons de négliger et d'exterminer des membres à part entière de notre communauté. Les mycètes nous initient à une philosophie des racines qui transforme notre rapport au corps, à la terre et aux autres vivant·e·s. Il n'y a qu'en dehors des hiérarchies que nous expérimentons vraiment la liberté. Elle est une exploration infinie de notre potentiel illimité en tant que terrestre, de notre capacité à nous étendre, à tisser et à connaître.

Spiritualités matérialistes

La spiritualité fait partie de mon expérience en tant que terrestre. J'ai toujours senti et vu des choses au-delà du monde matériel et de la réalité commune. Leurs interprétations constituent une forme de connaissance intime précieuse. Quand je vais mal, je convoque l'invisible plus souvent que j'appelle mes potes. Certain·e·s utilisent le mot *sorcière* pour me décrire. Le terme est bourré de significations politiques intéressantes, mais l'exceptionnalité me dérange. Ma croyance est celle que nous sommes toustes des êtres spirituels venus faire une expérience matérielle. Nous sommes toustes des sorcièr·e·s en puissance. Expérimenter l'invisible n'a rien d'exceptionnel en soi. La modernité a rendu ces expériences anecdotiques, délirantes voire pathologiques. Cependant, la spiritualité n'est pas un domaine périphérique ni un divertissement dans la vie de nombreux individus, mais au contraire un outil pour faire sens du vécu terrestre.

Des humains les utilisant à des fins de domination, je conçois qu'on puisse se méfier du religieux et du spirituel. Mais j'aimerais qu'on se méfie tout autant du libéralisme, qui, à bien des égards, constitue un système religieux et dogmatique trop souvent sous-estimé. La culture occidentale dominante maintient une échelle de valeurs, au sein de laquelle certaines croyances qui lui sont extérieures sont perçues comme primitives ou naïves et sont systématiquement disqualifiées. Une stratégie d'empuissancement des groupes marginalisés est de raviver des spiritualités non-occidentales souvent liées à des résistances politiques.

Je distingue les systèmes doctrinaux de ce que Val Plumwood appelle *les spiritualités matérialistes*[170]. Ces dernières ont en commun d'être connectées à des enjeux matériels. Je me suis toujours méfiée des gens perchés qui utilisent le spirituel pour se détacher de la matérialité et se déresponsabiliser des relations de pouvoir. L'inverse me semble tout aussi dangereux : prétendre que nous sommes sans croyance ni symbole ni mythologie.

Je suis anarchiste et mystique et cela ne constitue pas en soi une contradiction, mais une force. Il faut se rappeler la signification première du mot religion : relier. Il ne s'agit pas de se relier à un dieu inaccessible ou de s'auto-diviniser pour flotter au-dessus de la masse. Au contraire, la spiritualité matérialiste relie nos expériences matérielles à notre existence spirituelle. Tandis que la rationalité a été masculinisée et blanchisée, l'intuition a été féminisée et racisée, tournée en dérision, rendue illégitime comme outil de connaissance. Les deux sont perçues comme opposées et contradictoires. Pourtant, l'intuition et la rationalité sont des modes d'appréhension du réel qui se complètent. Quand certaines choses sont imperceptibles par la raison ou le mental, nous pouvons faire confiance à nos multiples intelligences : corporelles, émotionnelles et intuitives.

---

170 Val Plumwood, *Dans l'œil du crocodile : L'humanité comme proie,* Wild Project, 2021.

La spiritualité matérialiste est autant philosophique, politique que relevant du domaine du soin. Dans mon parcours spirituel, j'ai été influencée par les traditions indiennes : la bhakti et les tantras[171]. Ils sont un ensemble de pratiques (rites, méditations, chants) et de théories issues de l'hindouisme qui intègrent des figures féminines puissantes comme Kali. Si la bhakti est plutôt une mystique populaire, les tantras relèvent, eux, d'une forme d'ésotérisme. Dans ces systèmes, les symboles, les figures, les formes, les couleurs et les sons sont des portes d'entrée vers la connaissance de soi et celle de l'univers. Ces spiritualités allient systématiquement la théorie et la pratique. Les individus n'ont besoin d'aucun intermédiaire pour se connaître eux-mêmes et pour connaître le monde.

Kali est une déesse noire, hurlante, qui tire la langue, écrase la colonne vertébrale des hommes et boit du sang, une féroce guerrière, guérisseuse et initiatrice. Elle est la complice idéale de la gouine racisée, colérique, misandre et mystique que je suis. Elle en connaît plus sur moi que la majorité des psys blancs qui prétendent analyser mes comportements sans travailler sur leurs biais culturels.

Mon système spirituel s'inspire de mon caractère et de mes besoins. En tant que féministe en colère, il m'est impossible de nourrir un système spirituel où il n'y a pas de représentation féminine qui me ressemble. Ma vie, mon quotidien, ma famille, mes amitiés, mes camarades, mes amoures, ma réalité est constituée de figures féminines et queers puissantes. C'est avec elles et à travers elles que j'évolue, je guéris et je trouve de la force.

Prendre conscience de notre univers symbolique et spirituel nous rend plus fortes en nous aidant à lutter contre les idéologies dominantes. Croire que

---

171 Je ne parle pas ici du tantrisme occidental qui allie maladroitement sexualité et sacré, mais de la philosophie et des pratiques issues des textes de l'hindouisme qui se nomment les Tantras (*tissage* en sanskrit).

nous demeurons dans un espace neutre, athé·e, sans croyance, est non seulement un leurre, mais aussi un danger, car nous laissons s'infiltrer dans notre vision du monde l'idéologie dominante. C'est dans cet espace laissé vacant que nous intégrons par défaut les structures de pouvoir.

Le réductionnisme dont parle Vandana Shiva, c'est aussi la réduction de nos corps à des choses, le renvoi de nos émotions à du parasitage et la disqualification de nos spiritualités, réduites à des croyances puériles. L'androcolonialité est une force de réduction des possibilités et de déspiritualisation du monde. Le lien avec la politique se tisse dans le développement de contre-cultures, de contre-imaginaires, de contre-spiritualités écotopiques ancrées dans la libération et le soin.

Quand je relie la spiritualité au soin, je parle d'expériences concrètes. Les maladies sont aussi des moments de transformation qui nous entraînent dans des processus corporels, émotionnels et psychiques dont l'issue est incertaine. Tandis que la société capitaliste, sa science et ses professionnels psys me disent que je suis folle, bonne à rien, à jeter, cassée, tordue et sans avenir, les forces spirituelles me rappellent que le monde est magique et qu'il existe une source lumineuse intarissable en moi dans laquelle je peux puiser.

Je n'ai jamais aimé les psys et les psys ne m'aiment pas. La chimie moderne ne m'a pas guéri du suicide ni de la dépression ou de l'anxiété quotidienne. Ce sont les pierres, les étoiles, le tarot, les plantes et la forêt qui m'ont permis de continuer à vivre. Ridiculiser les pratiques et croyances spirituelles, c'est prendre le risque de moquer des stratégies de survie précieuses dans un contexte où un grand nombre d'humains sont incapables d'aider les gens de leur entourage qui vont mal.

Je ne suis pas une rationaliste désenchantée et la majorité des personnes que je côtoie dans les milieux queers féministes et décoloniaux ne le sont pas non plus. Cependant, le sujet de la spiritualité demeure tabou, perçu comme menaçant par son caractère « irrationnel ». Il y a donc peu d'espaces collectifs où la spiritualité rencontre le politique, où leur lien est assumé et émancipateur.

L'aliénation moderne consiste à croire que nous pouvons vivre sans conscience ni connaissance de nos liens avec les processus vivants. Le réductionnisme est l'absence et l'étouffement de l'invisible. Les spiritualités dépatriarcalisées et décolonisées témoignent d'une part, de la nécessité de transformation intérieure et d'autre part, du besoin d'élaborer des outils de connaissance autres que ceux de la science et de la rationalité occidentale. Les résistances et les alternatives à l'androcolonialité produisent des pensées, des savoirs, des pratiques et des imaginaires que le déséquilibre de pouvoir nous empêche parfois de tracer. Dans les interstices de la modernité, le monde est irrigué de symboles et de spiritualités dévalorisées. La dimension symbolique et spirituelle des luttes peut veiller à notre santé mentale, physique, relationnelle et écologique, car elle donne du sens à ce qui en manque et permet de faire circuler des histoires alternatives.

Parler de spiritualité matérialiste n'est pas un contre-sens, car elle s'élabore à partir de notre chantier intérieur pour tisser des liens avec le monde. Elle n'émane pas de l'élite, elle n'est pas hiérarchisante, elle n'ordonne pas. Elle accepte le désordre interne, elle est populaire et sociale. Val Plumwood introduit la possibilité d'une spiritualité matérialiste *« qui ne soit pas tournée vers un monde éthéré et transcendant, une spiritualité capable de célébrer pleinement les puissances donatrices de la Terre, de reconnaître le caractère sacré des réalités matérielles et quotidiennes »*[172].

---

172 Val Plumwood, Dans l'œil du crocodile : L'humanité comme proie, Wild Project, 2021. p.67.

Plusieurs féministes ont apporté des éléments qui peuvent nous aider à élaborer une spiritualité matérialiste. Chez elles, la politique et la spiritualité sont enchevêtrées, elles se nourrissent l'une l'autre pour générer une libération individuelle et une puissance collective.

Gloria Anzaldùa nous invite à réinventer des systèmes spirituels à partir de nos expériences politiques. Dans son activisme spirituel, elle envisage une spiritualité interconnectée avec son militantisme, qui apporte force et assurance dans la lutte. Elle crée une religion qui n'est pas extérieure à elle, qui n'est pas imposée par le haut, mais provient de ses entrailles. Poétesse et universitaire, elle écrit depuis sa réalité corporelle, depuis un corps très tôt malade, qui saigne et qui désire, un corps qui n'entre pas dans les normes. Son univers symbolique est nourri par la position qu'elle occupe, entre plusieurs mondes, aux frontières. Sa spiritualité puise dans les cultures pré-coloniales et postcoloniales qui la relient à ses ancêtres, à son histoire et ses luttes. Gloria Anzaldùa décrit un activisme spirituel qui a pour but d'aider les militant·e·s à la transformation sociale.

> *« Avec admiration et émerveillement, tu regardes autour de toi, reconnaissant le caractère précieux de la terre, le caractère sacré de chaque être humain sur la planète, l'unité et l'interdépendance ultimes de tous les êtres - somos todos un paíz... L'amour gonfle dans ton corps et jaillit de ton chakra du cœur, te reliant à tout le monde : les aborigènes d'Australie, les corbeaux dans la forêt, le vaste océan Pacifique. Vous partagez une catégorie d'identité plus large que n'importe quelle position sociale ou étiquette raciale. Cette connaissance te motive à travailler activement pour veiller à ce qu'aucun mal ne soit causé aux personnes, aux animaux, à l'océan – à te lancer dans l'activisme spirituel et le travail de guérison. Tu fais la promesse d'aider tes différentes cultures à créer de nouveaux paradigmes, de nouveaux récits »*[173].

---

173 Gloria Anzaldùa, Analouise Keating, *This Bridge we call home*, Routledge, 2002, p.558.

Audre Lorde, quant à elle, est une militante afro-américaine féministe, lesbienne, guerrière et poète. Pour elle, grâce au langage poétique et au symbolisme, « *nous entrons en contact avec notre propre conscience ensevelie, conscience non-européenne qui envisage l'existence comme une expérience à vivre, nous apprenons à chérir de plus en plus nos émotions, à respecter ces sources cachées de pouvoir d'où jaillit la connaissance véritable, celle qui donne naissance à des actions durables* »[174]. La poésie est bien plus qu'un « jeu de mots stérile » des « pères blancs ». Elle permet d'atteindre une force, issue de l'expérience de résistance à l'androcolonialité. Nous connaissons ce système intimement, car nous avons développé des stratégies de survie à son encontre. Celles-ci demandent à être conscientisées, énoncées, partagées et collectivisées. Cette poésie est un langage issu d'un monde en dehors les murs de la maison du maître, une forme de communication étrange mais non étrangère, qui nécessite un décodage sensible. Ce langage témoigne de ce qui n'aurait pas dû survivre : nos corps libres agitées d'émotions païennes en pleine mue.

Dans l'univers des sorcières néo-païennes, Starhawk est une activiste anticapitaliste et une autrice qui se démarque autant par sa spiritualité que sa capacité d'organisation collective. Militante anarchiste états-unienne et écoféministe, elle propose de cultiver le « *pouvoir-du-dedans* », cette puissance qui sert à l'émancipation dans la lutte collective. À l'inverse, le « *pouvoir-sur* », est celui qu'exercent les exploiteurs et les dominants. Depuis les années 1970, elle participe à diffuser des pratiques antiautoritaires et de désobéissance civile, spécifiquement pour organiser des actions contre les organismes internationaux. Dans son livre *Femmes, Magie et Politique*, elle « *tente de relier le spirituel et le politique ou*

---

174 Audre Lorde, *Sister Outsider : Essais et propos sur la poésie, l'érotisme, le racisme, le sexisme*, Mamamelis, 2018, p.34.

plutôt d'accéder à un espace où cette séparation n'existe pas »[175], et ceci dans le but de résister à la culture dominante binaire. Le mouvement néo-païen duquel elle se revendique se réapproprie la figure de la sorcière et réinvente les traditions autour d'un culte polythéiste, proche de la nature et de la figure de la Déesse inspirée de l'Europe pré-chrétiennne. Starhawk comme d'autres féministes[176] tissent un lien historique entre les féministes et les féminicides sous l'inquisition :

> « *Nous nommer nous mêmes « sorcières », c'était nous identifier aux victimes qu'ont faites, de tout temps, la misogynie et la persécution religieuse. C'était aussi rendre aux femmes le droit d'être fortes, puissantes et même dangereuses, en faire les héritières des guérisseuses et des sages-femmes, et de toutes celles qui pratiquaient des formes de savoir non approuvées par les autorités. Être une sorcière signifiait cultiver une spiritualité enracinée dans la nature, l'érotisme et la terre (...)*»[177].

Le terme *pouvoir-du-dedans* indique que la puissance prend racine à l'intérieur de nous, et dans nos communautés. Il nécessite une introspection, que nous retournions l'œil au dedans de l'orbite, que, dans les moments d'obscurité, nous soyons d'abord notre propre lumière, que nous écoutions notre intuition, nos maux et nos émotions. Ces processus d'ancrage nous permettent ensuite de nous connecter au monde. Lorsque nous avons la connaissance de nous-mêmes, les messies et les sauveurs n'ont aucune emprise sur nous. La spiritualité nous aide à résister à des contextes autoritaires et dogmatiques, et à travailler à l'incarnation de nos valeurs politiques dans le monde sous la forme d'actes cohérents. Le *pouvoir-sur* des institutions ne nous impose pas ses valeurs et ne dirige

---

175 Starhawk, *Rêver l'obscur : Femmes, Magie et Politique*, Cambourakis, 2015, p.17.
176 Christelle Taraud, Silvia Federici ou Carolyn Merchant.
177 Starhawk, *Femmes, Magie et Politique*, Les empêcheurs de penser en rond, 1997, p.50.

plus nos actes. Ce n'est pas dans la validation des dominants que nous cherchons la force. Nous la cultivons nous-mêmes.

À partir de cette *puissance intérieure*[178] se déploie l'énergie transformatrice, depuis laquelle nous tissons des complicités avec d'autres puissances qui partagent notre vision du monde. Elle nous pousse à créer l'utopie ici et maintenant plutôt que d'attendre et de négocier notre acceptation dans le paradis artificiel de la modernité.

Si nous traitons la question spirituelle comme une question politique, elle nous permet de regarder la configuration de nos croyances et de nos liens, ainsi que le contexte culturel au sein duquel nous évoluons. Revoir nos spiritualités en fonction de nos liens avec le Vivant et de nos complicités radicales nous permet de nous connecter à d'autres réalités politiques.

De plus, une part du processus de transformation consiste à effectuer ce travail intérieur afin que nos besoins personnels trouvent satisfaction dans la mise en œuvre de nos idéaux politiques. Se transformer et transformer la société nécessite d'effectuer des allers-retours entre la théorie et nos expériences, la réalité et nos croyances, afin de chercher la cohérence de nos actes avec notre pensée.

La modernité a forcé un nouveau paradigme du Vivant. La nécessité matérielle transforma la pensée organique millénaire en pensée mécaniste. Ce constat nous rappelle aussi que nos pensées et nos habitudes ne sont pas figées. Nous pouvons adopter de nouveaux paradigmes, peut-être inspirés d'anciennes conceptions du Vivant, mais résolument neuves et issues de la base, donc forcément plurielles.

Si je consens à m'assimiler aux sorcières, c'est donc dans leur forme politico-spirituelle, en tant que contre-puissances ayant la capacité

---

178 Pour distinguer pouvoir-du-dedans et pouvoir-sur, j'utilise les termes puissance et pouvoir.

magique de générer le désordre et d'inspirer une forme de dissidence à la fois ancienne et inédite.

ÉCOLOGIE QUEER DISSIDENTE

« Nous revendiquons notre statut de fléau social jusqu'à la destruction complète de tout impérialisme. »

LE FHAR (FRONT HOMOSEXUEL D'ACTION RÉVOLUTIONNAIRE)

« Le sauvage joue un rôle dans la plupart des théories de la sexualité, et la sexualité joue son rôle dans la plupart des théories de la sauvagerie. »

JACK HALBERSTAM

Une terre frontalière est un lieu vague et indéterminé formé à partir du résidu sensible que laisse une limite contre-nature. Un lieu en transition constante. Ceux qui l'habitent sont les prohibés, les bannis. Ici vivent los atravesados : les gens louches, les pervers, les queers, les pénibles, les métis, les mûlatres, les sang-mêlé, les demi-morts ; bref ceux qui traversent, qui outrepassent, qui franchissent les confins du normal. »

GLORIA ANZALDÙA

Une fierté férale

Gloria Anzaldùa a été le premier modèle queer auquel j'ai pu m'identifier. À travers ses écrits, j'ai compris le sens du mot « queer » parce qu'il faisait écho à mes expériences, à mon propre rapport aux normes. Elle raconte la honte, la race, le sexe, la spiritualité et la maladie depuis un corps brun marginalisé. Sa critique décoloniale des catégories et la radicalité de ses confidences la placent dans un espace propice à la mutation personnelle et politique. À ces endroits de vulnérabilité, elle transforme ce qui est perçu comme monstrueux en capacités magiques.

J'étais perçue comme une femelle sale, tordue et sauvage. Ces perceptions extérieures s'étaient transformées en paradigmes personnelles tenaces. En suivant le chemin de la dissidence queer, je me suis débarrassée de ces croyances négatives. J'ai cessé de me persuader que j'étais une erreur de la nature, que je n'avais pas ma place ici-bas et que le noyau de mon être était fondamentalement pourri. Cela peut paraître tragique ou exagéré. Pourtant ces fausses vérités constituent une croyance interne que j'ai développé en contact avec les autres, en essayant de leur plaire et de survivre.

Mon entrée en dissidence a commencé par une prise de conscience politique : mes déviances sont des symptômes de résistance à la mascarade. Et nous sommes nombreux·se·s à les développer. Cette affirmation audacieuse change profondément la façon dont nous habitons notre corps et le monde. Elle signifie aussi que nous pouvons nous débarrasser de ces fausses croyances liées à la fiction normative.

L'expérience de l'anormalité sexuelle depuis un corps brun et femelle animalisé n'était relaté nul part. Personne ne racontait que le corps noirci et disproportionné pouvait gonfler et couler de désir. Mes manifestations corporelles étaient déjà assez monstrueuses pour que des émotions hors normes viennent en confirmer l'aspect malsain. La déviance intérieure faisait écho aux caractéristiques diaboliques extérieures. Je ne pouvais pas désirer autre chose que le mâle hégémonique, j'étais déjà folle et laide, encore toute imbibée de ma culture primitive. Si j'agissais en écoutant mes entrailles, si j'écoutais les gonflements impudiques de mon cœur et de mon sexe, je confirmais leurs théories : je sortais définitivement du champ humain, il n'y aurait plus aucune rédemption possible.

Au cours de sa mutation, Gloria Anzaldùa a quitté cette position intenable, constituée d'allégeances absurdes envers la culture des oppresseurs. En entrant en dissidence, elle est devenue férale. La féralité est l'état de celle ou celui issu·e de l'élevage qui est retourné·e à l'état sauvage, iell a entrepris un ensauvagement volontaire[179].

Mieux que les drapeaux multicolores, la féralité est une fierté. Un flambeau qui crame tout et qui éclaire, qui réchauffe et qui immôle. Une lumière qui a surgit du fond du gouffre crasseux accompagnée de hurlements. Car, ce n'est qu'après un dépouillement extra-ordinaire que peut surgir la fierté.

Les déviant·e·s, les tordu·e·s et les dégueulasses gisent souvent seul·e·s au fond du gouffre, à se débattre avec de vieilles peaux de mue. Iells en sortent grâce aux liens qu'iells tissent sous le sol, avec les Autres : les camarades enterré·e·s, les amant·e·s de l'ombre, les penseur·se·s et les ancêtres mort·e·s, ainsi que d'autres formes vivantes non-humaines. Nous ne sortons pas d'un placard, nous remontons d'un puits d'entrailles qui menaçait de nous avaler, de devenir une tombe et au fond duquel nous avons été poussé·e·s. Notre remontée n'est pas un spectacle, mais une accusation. Nous sommes les monstres que vous avez poussé au suicide.

---

179 De *feralis* en latin, *fera* : bête sauvage.

Plutôt qu'une fierté libérale, revendiquons une fierté férale. Elle témoigne de l'échec du système de domestication. Elle crache sur la rédemption, la respectabilité, la guérison et tous les efforts passés et futurs d'assimilation dans une culture désastreuse. La fierté est celle d'avoir survécu aux meurtres, à la psychiatrie, aux exorcismes religieux, aux viols et aux bannissements de plusieurs mondes. Ils ne s'attendaient pas à ce que nous remontions du puits. À présent, nous sommes sauvages au sens littéral : méfiant·e·s de toute forme humaine, prêt·e·s à mordre, impossibles à dompter. Nous avons développé une confiance envers des choses inhumaines : une culture souterraine, une spiritualité hérétique, un amour des champignons et du bois mort, des liens puissants avec des adelphes animalisé·e·s et des contacts utopistes. Notre étrangeté a trouvé écho et refuge dans celle du Vivant marginalisé.

La féralité n'est pas orientée vers un but précis ni une vie productive au sens capitaliste du terme. La féralité n'est pas définie en fonction de la norme hétérosexuelle – elle n'est même pas centrée sur la sexualité et le génital. Pourtant, elle découle du désir qui existe au sein du Vivant de faire du lien, de s'associer aux autres pour continuer l'expérience terrestre. La féralité parle de connexions autant que de ruptures. Car notre fierté queer est constituée d'échecs : d'être un homme, d'être une femme, d'être blanc·he, d'être un·e époux·se, de « gagner sa vie », d'être civilisé·e, d'être un·e bon·ne citoyen·ne ou d'être en bonne santé. La queerness brille par ses échecs face aux tentatives de domestication. Elle n'est ni confortable ni respectable. Elle a appris à trouver la force et la beauté sur les rebords instables et les cicatrices. *Queer* est donc l'orientation de nos désirs et de nos actes vers la perturbation, le trouble, le dérangement et le désordre.

L'écologie dissidente n'est pas une écologie minoritaire, elle touche la majorité en s'attaquant aux fondements organisationnels de nos sociétés.

Elle explore des relations alternatives aux autres, à l'invisible, au pouvoir, aux corps et aux autres formes vivantes. Elle allie la lutte pour l'émancipation et l'autonomie des personnes queers à celle du Vivant. Elle interroge les limites de la communauté et notre désir de faire du lien en dehors de la reproduction industrialisée.

Les critiques queers dénoncent la domination des classes bourgeoises, l'imposition de leurs normes et la concentration des richesses entre leurs mains. La résistance aux normes hétérobourgeoises et au libéralisme fragmente la communauté queer en deux tendances politiques : celle des LGBT et celle des transpédégouines (ou queers radicaux). Souvent, le terme *queer* est utilisé par l'un et l'autre mouvement, sans différenciation. Mon utilisation est celle revendiquée par les anarcho-queers qui s'opposent aux stratégies libérales gays et lesbiennes qui consistent à s'assimiler en tant que bon citoyen dans la culture nationaliste et dans l'économie capitaliste.

Cette possibilité d'intégration est conditionnée par la classe, la norme validiste et la racisation : il est plus facile de s'intégrer en tant que gay ou lesbienne blanc·he qui bénéficie de ressources et dont la performance de genre correspond à une performance dépolitisée et bourgeoise. Elle n'implique pas de changements structurels, mais des arrangements individuels ainsi que la persistance d'autres catégories monstrueuses, qui elles, sont rejetées du contrat social. Cette intégration s'effectue aux dépens des identités de genres issues des classes populaires, des personnes trans, non-binaires, fol·les, travailleurs·euses du sexe, migrant·e·s, racisé·e·s, gros·ses, handi·e·s qui traversent et/ou habitent les catégories de l'anormalité. Elle requiert aussi l'abandon des forces émancipatrices et radicales que sont le féminisme et l'anarchisme qui ont influencé et continuent d'influencer les mouvements de libération. Elle prône une performance productiviste, rationaliste, de respectabilité bourgeoise, qui participe aux institutions de cette classe et les valorise.

Les revendications antivalidistes font partie des luttes queers. D'abord parce qu'un grand nombre de personnes queers sont concernées par les problématiques de normativité physique et mentale. Ensuite, dans une société progressiste, qui se vante de dominer et de contrôler la nature, les personnes handies agissent comme les « *baromètres d'un futur sans « déviance »*[180]. Il faudrait les corriger, les adapter ou les guérir. Elles servent aussi de figures repoussoir. Au sein du système normatif, les déviant·e·s témoignent de la capacité de la société à demeurer « saine », « rationnelle » et « fonctionnelle ».

En somme, le processus d'intégration dans la culture nécessite de tuer la communauté et de s'arracher au Vivant pour prouver son humanité et sa fonctionnalité. Les intégrationnistes prennent leurs distances avec les figures monstrueuses et toustes celleux qui ne peuvent et/ou ne veulent pas participer à la mascarade libérale, celleux qui ne peuvent pas compenser leur « anormalité » par une performance blanche et un accès aux ressources issu de privilèges économiques. Iells aspirent à devenir de bon·ne·s citoyen·ne·s français·es grâce à leur capacités à faire la guerre, à capitaliser sur leur identité, à consommer et à véhiculer le modèle culturel dominant.

L'intégrationnisme ne peut se réduire à des choix individuels d'orientation sexuelle, car il s'opère au détriment de l'autonomie communautaire. Pour obtenir des droits, les queers sont jugé·e·s sur leur capacité à mimer les hétérosexuel·le·s blanc·he·s bourgeois·es. Iells sont incité·e·s à abandonner les pratiques de solidarité et d'autonomie existantes au sein de

---

180 Anthony J. Nocella II, *Defining Eco-ability Social Justice and the Intersectionality of Disability, Nonhuman Animals, and Ecology*, in D*isability Studies and the Environmental Humanities – Toward an Eco-Crip Theory*, Sarah Jaquette Ray et Jay Sibara, University of Nebraska Press, 2017, p.150.

la communauté. L'idée sous-jacente de ce fonctionnement est que les individus sont incapables de décider pour eux-mêmes et de s'organiser sans l'aide d'un père ou d'un médecin qui va réguler leurs demandes. Le discours progressiste et réformiste affirme que ce sont l'état et les techno-sciences qui permettent l'émancipation des individus. À l'inverse, les queers radicaux construisent l'autonomie au sein des communautés de résistance et visent la libération pour toustes. Le projet queer est forcément transformatif puisqu'il implique une réorganisation radicale de la société par la démolition des piliers androcoloniaux que sont l'hétérosexualité, la famille, l'économisme et la nation.

Le Vivant est queer

Les homosexuels sont des animaux. Cette phrase était écrite à la craie blanche en majuscule sur le bitume, dans une rue très fréquentée du centre ville bruxellois, aux alentours de la marche des fiertés. Quel mal y a-t-il à être un animal ? Pourquoi serait-ce une insulte ? Je ne comprenais pas le lien. Interrogeant mes camarades queers, je n'obtins aucune réponse satisfaisante. Je venais à peine de sortir de l'hétérosexualité, mes réflexions étaient souvent maladroites. Cependant, je sentais bien le malaise : la comparaison avec les animaux avait pour but de nous rabaisser, nous renvoyer à des pratiques sales et immorales. L'animalisation ravivait la honte intériorisée et le sentiment profond d'être anormal·e contre lequel beaucoup d'entre nous avaient lutté et luttaient encore – en particulier les personnes racisées. S'éloigner de tout argument biologique ou naturaliste pour accéder à l'émancipation et l'autonomie paraît constituer un mécanisme de défense approprié pour les personnes queers. Seulement, lorsqu'on devient féral·e, il n'est plus question de prendre ses distances avec le Vivant, mais de s'y confondre et d'y forger des complicités.

Qu'iells fassent partie des tolérant·e·s ou des réactionnaires, pour une catégorie de la population, les comportements en dehors des normes hétérosexuelles sont contre-nature. Ils ont quelque chose de sale, de rebutant, de dégoûtant. Et cette caractéristique, si elle n'est pas contenue par la morale ou la loi, menace de corrompre la société et d'infecter en particulier la jeunesse. Les queers ont été condamné·e·s par l'église puis par les régimes étatiques au même titre que les hérétiques, les sorcières puis les criminels qui avaient commis l'inceste ou des viols d'animaux. Plus récemment iells sont assimilé·e·s à des pédocriminels par les queerphobes. Le régime patriarcal semble avoir du mal à distinguer ce qui relève de la criminalité de ce qui relève de l'altérité.

La dépénalisation de l'homosexualité et son retrait de la liste des troubles psychiatriques sont récentes dans l'histoire française. Elles sont liées à l'histoire moderne et l'idée d'un progrès social occidental, où de « nouveaux » sujets sont intégrés dans la citoyenneté malgré leur incapacité à se conformer. Cependant, la sécurité et la liberté des personnes queers dépendent de la météo politique, des tendances médiatiques, du contexte économique et de la tolérance populaire. Nos performances doivent alors être « propres », minoritaires et non-menaçantes. Nous devons être aptes à convaincre de notre utilité, de notre naturalité et de notre normalité à tout moment.

Les lois dites naturelles ont un puissant pouvoir normatif. L'argument « naturel » sert à définir le camp du bien, du droit, du propre, du moralement admis, du fonctionnel et du productif. L'instinct de survie nous encline à agir afin d'être assimilé·e·s à la bonne catégorie, car elle est synonyme de sécurité, d'accès aux droits, aux ressources, à l'affection et au plaisir. Dans un contexte de désastre, les normes hétéropatriarcales et coloniales permettent de définir qui peut vivre et qui est sacrifiable.

Quand les tenants du régime patriarcal affirment que les pédés, les gouines et les trans sont *contre-nature*, de quelle nature s'agit-il ? L'émancipation exige-t-elle de revendiquer son appartenance à la *culture* plutôt qu'à la *nature* ? Ou bien sommes-nous plus proches des animaux, en carence d'humanité ? Comment faire exploser ces cadres d'opposition ? À mon sens, répondre à ces questions souvent taboues et complexes autour du genre, de la sexualité et de la *nature* permet de construire une écologie queer et devient même nécessaire dans nos interrogations autour de la communauté de résistance.

Pour les queers, le régime hétérosexuel et les normes cisgenres ne sont pas synonymes de sécurité, de liberté et de bienfaits. L'intégration à été pour moi équivalente à la sensation de tisser lentement et douloureusement ma propre prison de chair, tout en gardant près de mon cœur un infâme geôlier dont le rôle était de m'achever psychologiquement. Je ne sens ni peur ni menace de la part des homophobes, car iells n'arriveront jamais à la cheville de cet ennemi intime. Bien que je sois parvenue à le démembrer, je sais qu'il n'est pas mort. Longtemps, la distinction du naturel et du contre-naturel demeurait importante pour moi, car elle répondait à une question fondamentale : qu'est-ce qui doit vivre et qu'est-ce qui doit mourir ?

Dans la culture dominante, l'opposition des sexes en *mâle* et *femelle* purement distincts et l'hétérosexualité qui en découle sont considérées comme des fondements biologiques qui assurent le maintien de la vie. Bien que ce discours puisse rassurer les individus sur la fixité des phénomènes, l'observation du Vivant ne justifie pas cette croyance. Le ver de terre est hermaphrodite, il peut se reproduire avec un autre hermaphrodite ou se cloner, tout comme l'escargot ; certains mollusques et poissons changent de sexe ; des lézards se reproduisent entre femelles et ne comptent plus de mâle au sein de leur espèce ; les poules ont des comportements lesbiens tout comme les caméléons ; singes et dauphins peuvent être gays ; les mâles flamands roses couvent les œufs autant que les femelles ; le crapaud cherche les œufs à l'intérieur du ventre de la femelle pour les amener lui-même à maturité ; quant à l'hippocampe, comme son cousin le dragon de mer, il porte les œufs déposés par la femelle dans sa poche ventrale. Mais alors, que fait-on de toutes ces bestioles dévergondées ? Il faut imaginer la tête des biologistes hétérosexuels qui ont observé ces phénomènes. Cette « exubérance biologique » contredit ce que les religieux et les scientifiques ont longtemps affirmé : la justification de la binarité sexuelle comme un fait naturel[181]. Le caractère naturel de la binarité a été construit par des générations d'observateurs scientifiques biaisés par leur contexte culturel. Lorsqu'ils étaient confrontés aux caractéristiques queers du Vivant, soit ils les taisaient, soit ils considéraient ces comportements déviants symptomatiques d'un dérèglement écologique.

Dans l'esprit normatif, les dérèglements naturels sont des phénomènes qui brouillent les limites du genre et de la sexualité. Il en résulte une peur de « la féminisation de la nature » : par exemple, des poissons qui « transitionnent » (conséquence des niveaux élevés d'œstrogènes dans les cours d'eaux). On parle aussi de « castration chimique » : la pollution industrielle étant perçue comme dangereuse surtout parce qu'elle menace la reproduction et la masculinité. Ainsi, les caractéristiques queers du Vivant touchent à deux formes d'anxiété : celle liée au genre et celle liée à

---

181 Voir Whitney A. Bauman, *Meaningful Flesh Reflections on Religion and Nature for a Queer Planet*, Punctum Books, 2018 ; Bruce Bagemihl, *Biological Exuberance : Animal homosexuality and natural diversity*, Stonewall Inn, 2000 ; Joan Roughgarden, *Evolution and Christian Faith: Reflections of an Evolutionary Biologist*, Island Press, 2006.

la dégradation écologique[182].

> *« Au début du XXe siècle, on dira de l'homosexualité humaine qu'elle est un phénomène urbain causé par la pollution. Dans le même ordre d'idées, certains scientifiques attribueront aussi ce qu'ils nomment « l'efféminisation » des pygargues à tête blanche à la pollution »*[183].

D'une part, les biais hétérosexistes se focalisant sur les comportements queers du Vivant manquent d'autres conséquences massives sur la santé comme l'affaiblissement du système immunitaire causé par la production industrielle. D'autre part, en interprétant les phénomènes queers comme des anomalies, ils omettent la diversité des stratégies du Vivant et ses méthodes d'adaptation face aux changements. La normativité pousse à maintenir figé ce qui est mouvant et mutable. Les écologies queers sont dès lors indispensables pour réaliser de façon collective que la transformation est un fondement du Vivant. Rien ne demeure dans son état originel. Tout est pris dans des processus et des mouvements qui mènent, de façon plus ou moins rapide, à des changements radicaux.

La diversité sexuelle humaine, reconnue sous le terme générique d'intersexuation est, quant à elle, traitée comme une erreur de la nature que la main de l'homme doit rectifier. Une partie de la population naît avec des caractéristiques sexuelles qui ne correspondent pas à la définition

---

182 Revue Décroissance, Pièces et Mains-d'Oeuvre, Pierre Rabhi et José Bové, entre autres. Parmi les écologistes, il faudrait distinguer les militant·e·s homophobes et transphobes assumé·e·s de celleux qui utilisent des arguments réactionnaires sans comprendre leurs implications politiques.
183 *Zoologie Queer, 2 de 4, l'hétérosexisme de la zoologie,* https://contrepoints.media/fr/posts/zoologie-queer-2-de-4-lheterosexisme-de-la-zoologie. Giovanna Di Chiro, *Polluted Politics ? Confronting Toxic Discourse, Sex Panic, and Eco-Normativity,* dans Catriona Mortimer-Sandilands et Bruce Erickson, *Queer Ecologies, Sex, Nature, Politics, Desire,* Indiana University Press, 2010.

normative mâle ou femelle, sur le plan physique, hormonal ou chromosomique. Alors que ces faits pourraient nous amener à revoir les catégories binaires, la médecine moderne choisit de « corriger » les corps pour créer une correspondance entre la réalité et son idéologie. De la mutilation génitale à la prise forcée d'hormones, elle tente d'effacer l'existence de la diversité sexuelle. Les concerné·e·s subissent de multiples violences dès le plus jeune âge et sont étiquetées « anomalies génétiques ». Ces opérations ont lieu alors même que l'état de santé des nouveaux nés et des enfants ne justifie pas d'intervention médicale.

En 2016, l'ONU rappelle la france à l'ordre pour la troisième fois au sujet des mutilations génitales sur les personnes intersexes. La question est renvoyée à un problème discutable dans le cadre de la loi bioéthique[184]. En 2021, les législateurs assimilent l'intersexuation à « une variation du développement sexuel », les soumettant à des chirurgies afin de correspondre à la norme[185]. En plus de l'arrêt de ces opérations forcées, une des revendications des militant·e·s intersexes est l'ajout d'un troisième sexe à l'état civil[186]:

> « *Nous réaffirmons que les variations intersexes sont des variations saines du vivant, et dans leur immense majorité sans danger pour la vie de l'enfant. Elles ne devraient pas conduire à de la stigmatisation et à de la médicalisation inutile et néfaste. À*

---

184 François Mitterrand crée le Comité Consultatif National d'éthique qui a pour mission de donner son avis dans le domaine des « sciences de la vie et de la santé ». La première loi qui en sort est une loi interdisant la PMA aux couples hétérosexuels.

185 https://www.legifrance.gouv.fr/jorf/article_jo/JORFARTI000043884437 ; https://droits-intersexes.fr

186 Voir le documentaire *Entre deux sexes*, de Régine Abadia et les interviews de Vincent Guillot, militant intersexe au sein de l'OII, l'Organisation Internationale des Intersexué·e·s. L'Inde et le Népal reconnaissent déjà un troisième genre. En Allemagne, une catégorie de genre "divers" a été ajoutée à l'état civil.

l'instar de l'homosexualité, l'intersexuation n'a pas à être soignée : c'est à la société d'accepter sa propre diversité »[187].

Les revendications intersexes comme celles portées par les personnes trans ne sont pas des politiques minoritaires, elles sont profitables à toute la société, car les normes de genre sont imposées à toustes et de nombreuses personnes ne veulent pas ou ne peuvent pas intégrer ces catégories étriquées.

La nécessité d'une écologie queer radicale se fait encore sentir face aux militant·e·s écologistes qui répètent ce discours normatif, envisageant la binarité sexuelle comme un fondement du Vivant. L'attachement d'un Pierre Rabhi à la naturalité de l'hétérosexualité lui a permis de naviguer dans les milieux d'extrême droite tout en demeurant sympathique aux mouvements écologistes de gauche. Il semble facile pour des personnes cisgenres et/ou hétérosexuelles de considérer l'écologie comme une cause universaliste qui n'entre pas dans les querelles idéologiques et politiques. Pour elleux, l'exclusion et la condamnation à mort des personnes queers ne semble pas constituer un sujet plus urgent que l'apprentissage de la permaculture. Si nous n'investissons pas l'écologie en tant que militant·e·s queers, d'autres le feront pour nous. À vrai dire, ils ont déjà le monopole de la parole.

Dans *Écologies Déviantes, Voyage en terre queers*, Cy Lecerf Maulpoix évoque comment la rhétorique queerphobe des discours de la Manif pour tous s'est inscrite dans un argumentaire naturel : elle prétend défendre la nature et se lier aux luttes écologiques pré-existantes, comme celle contre

---

187 Pétition de plusieurs collectifs luttant pour le droit des personnes intersexes datant de septembre 2018 paru dans le journal Libération. https://www.liberation.fr/debats/2018/09/10/pour-l-arret-des-mutilations-des-enfants-intersexes_1676943/ et sur le blog https://stop-mutilations-intersexes.org/2018/08/10/premier-article-de-blog; Voir aussi Le Collectif Intersexes et Allié.e.s : https://cia-oiifrance.org/

les OGM[188]. Les queers sont alors comparé·e·s à des organismes génétiquement modifiés, stériles, dégénéré·e·s, appartenant au système mortifère industriel.

Les réactionnaires associent souvent les personnes trans à la libéralisation du domaine scientifique et sa décadence moderne. Les transitions de genre seraient des déviances dues à l'hypertechnologisation de la société et au transhumanisme (mouvement qui prône l'usage de certaines technologies pour améliorer la condition humaine, au-delà des contraintes biologiques)[189]. Dans leur imaginaire effrayé, la pureté des corps, comme celle de la nation et des espaces naturels doit être préservée de toute modification, de tout élément extérieur venant interroger son fonctionnement et perturber l'ordre pré-établi. Ils fantasment un état originel exempt de corruption. Les queers savent que la pureté n'existe pas. S'il peut y avoir blancheur, normalité et pureté sur certains corps, c'est parce que d'autres reçoivent toutes les immondices. Les déviant·e·s savent que la pureté n'existe pas parce qu'iells ont pris la charge sociétale de l'impureté. Iells ont appris à survivre dans des environnements patriarcaux et coloniaux toxiques, en intimité avec le côté sombre de leurs oppresseurs. Qu'ils soient queers ou normés, les corps ne sont jamais purs.

L'assimilation des personnes trans à la surtechnologisation moderne est problématique, car iells ont toujours existé, indépendamment des techno-sciences et de leur capacité à modifier les corps. Iells ne sont pas dépendant·e·s des industries et de la technologie moderne. Pour des

---

188 Cy Lecerf Maulpoix, *Écologies déviantes : Voyage en terres queer*, Cambourakis, 2021.

189 Comme c'est le cas du collectif *Pièces et mains d'œuvre* : https://www.piecesetmaindoeuvre.com/. Voir aussi la réponse à ces critiques dans le zine *Trans n'est pas transhumanisme - Une réflexion trans sur les transhumanismes trans-friendly, les cyberféminismes queer, les écologismes et les féminismes transphobes*, Alex B.: https://infokiosques.net/spip.php?article1805.

questions de survie, dans des contextes plus ou moins amicaux, iells apprennent l'art de la métamorphose par le maquillage, l'habillement, les gestes, les accessoires, la voix, le regard, la coiffure, la démarche et toutes ces choses qui constituent le genre. De plus, un grand nombre de personnes trans n'a pas accès aux nouvelles technologies ou ne les utilise pas. En parallèle, un nombre croissant de personnes cisgenres les utilisent pour correspondre aux normes genrées.

Les queers, les trans, les intersexes mais aussi les lesbiennes, les gays, les bi·e·s et les travesti·e·s ont toujours utilisé les techniques disponibles autour d'elleux pour construire, déconstruire et manipuler le genre. Car, il est, en réalité, une donnée fragile, facile à troubler et à renverser.

Une des caractéristiques de la culture industrielle anti-écologique est la reproduction d'objets et d'individus identiques, en masse. Celleux qui n'entrent pas dans les catégories productivistes sont qualifié·e·s d'anomalies et jeté·e·s à la poubelle. Les réactionnaires s'acharnent à reproduire cette norme industrielle, ils sont les apôtres « du semblable, des clones »[190]. Ils entretiennent la monoculture hétérosexuelle et patriarcale grâce aux artifices du genre. Cette culture est profondément toxique parce qu'elle empêche la compréhension du Vivant. En place et lieu de ce que les mécanistes nomment « le naturel » il y a un régime fragile qui se sent menacé par la myriade de possibilités que les vivant·e·s ont de créer, de transformer et de se multiplier. Pour les dissidentes écoqueers, le biologique est un terrain de jeux et d'expérimentations, il n'est pas une donnée fixe.

C'est le même système qui extermine la diversité vivante et les queers. Les politiques éco-dissidentes affirment que la pureté est une fiction qui ne tient plus. La culture industrielle et patriarcale intoxique nos esprits, nos

190 Cy Lecerf Maulpoix, *Écologies déviantes : Voyage en terres queer*, Cambourakis, 2021, p.54.

corps, nos relations comme les sols et les eaux. Nous subissons des influences de toutes parts qui nous modifient constamment. Il n'y aura pas de jardin d'Éden barricadé ou de bunker assez solide pour préserver les hétérosexuel·le·s du désastre. Déjà dans les années soixante, Rachel Carson constatait l'influence des produits industriels sur le Vivant :

> *« Pour la première fois dans l'histoire du monde, tous les êtres humains sont maintenant en contact avec des produits toxiques, depuis leur conception jusqu'à leur mort [et le plus souvent à leur insu]. Ils sont entrés dans les corps des poissons, des oiseaux, des reptiles, des animaux domestiques et sauvages, à tel points que les laboratoires n'arrivent plus à trouver pour leurs études des bêtes exemptes de toxiques »*[191].

Qu'ils soient queers ou hétérosexuels, les corps sont sans cesse en interaction et soumis à des modifications. Dès la vie intra-utérine nous sommes façonné·e·s et influencé·e·s par la pollution, la guerre, les maladies, mais aussi le travail, la pauvreté, la prison, le racisme et le sexisme qui nous abîment et nous forgent.

Les pratiques éco-dissidentes interfèrent avec cette construction androcoloniale des corps. Elles diffusent des techniques qui permettent des expériences de réappropriation et de transformation désirée. Nous utilisons toustes quotidiennement des techniques de genre et de racialisation. Nos capacités transformatives sont détournées vers la conformité : nous reproduisons sans cesse les genres fictionnels masculin et féminin blancs. Cette production enrichit le système de genre binaire au lieu de l'interrompre. La normativité nous pousse à maintenir figé ce qui est mouvant et mutable. La catégorisation sert un modèle idéal qui n'existe pas : il est sans cesse reproduit et forcé dans les corps, en rejouant jour après jour le mythe hétérosexuel blanc. Selon leurs conditions matérielles et leur contexte culturel, les individus ont des facilités ou des difficultés à

---

191 Rachel Carson, *Printemps Silencieux*, Wild Project, 2020, p.50.

reproduire ces modèles occidentaux et exigeants d'homme et de femme. Pour sortir de cette binarité, les personnes queers proposent un continuum d'expressions de genres entre ces deux variations et au-delà.

Les dissident·e·s ont un sens aigu de l'écologie, pourtant iells ne restaurent rien, iells ne prônent pas la résilience mais la libération à travers le changement radical. Iells ne désirent pas retourner à un état originel cauchemardesque. Sur leur corps et au sein de leur communauté, iells ont expérimenté une forme d'écologie libératrice et transformative. Habiter le désordre, l'embrasser et accueillir son érotisme, nous amène à vivre dans un monde vulnérable, sensible à la trans-formation, à l'imprévisibilité, ouvert à l'expérimentation. Pour les queers, la mutation n'est pas qu'une métaphore. Elle n'est pas linéaire et souvent capricieuse. À travers elle, iells ont expérimenté plusieurs expulsions, appris à construire de nouvelles maisons et d'autres corps. Iells ont appris à mourir à certains endroit sans savoir ce qui allait repousser, puis à glousser face à l'étrangeté. Iells ont appris à porter de l'attention aux processus de changements parfois discrets, à accueillir de nouveaux appendices avec un amour bestial et à tisser des complicités avec d'étranges terrestres.

Complicités fongiques

Notre lien avec les champignons est organique, visqueux et parfois honteux. Pour les côtoyer, les mycètes nous demandent de passer outre l'inconfort et l'hygiénisme. Les fems garous, les gouin·e·s à chat·te·s, les pédé·e·s, les indigènes tribades, les transpédales, les vieilles butchs, les afro-pessimistes non-binaires, les transputes, les folles alliées, les camionneuses hypersensibles, les sorcières pansexuelles et les écolodragqueers connaissent bien ces endroits de dissidence et de transformation. Comme les champignons, les déviant·e·s font partie des organismes perturbateurs et effrayants que la société préfère maintenir à distance.

Sous forme de levures, moisissures, parasites, mycorhiziens ou mangeurs de morts, les mycètes fabriquent des mondes tordus. Dès lors, lier notre existence à celle d'autres organismes marginalisés nous aide à formuler des écotopies queers radicales. Pour la mycologue Patricia Kaishian, les similitudes entre les vies subalternes et celles des champignons, en font de puissant·e·s camarades en temps de désastre, parce qu'iells forment une « totalité désordonnée »[192].

> *« Les champignons sont considérés comme des poisons, des agents de maladies, dégénérés, mortels, bizarres, grossiers et bizarres - un langage historiquement dirigé contre les homosexuels et les personnes handicapées - et comme n'ayant aucune relation positive avec leur(s) environnement(s) »*[193].

La science moderne a longtemps inclus la mycologie dans le domaine botanique. Pourtant, les mycètes ne sont pas des plantes. Iells sont enraciné·e·s dans la terre, mais iells ne font pas de photosynthèse. Leur mode d'alimentation les rapproche plus des animaux, car iells se nourrissent de molécules organiques, à la différence près qu'au lieu d'ingurgiter la nourriture, iells se déploient à l'intérieur de celle-ci.

Iells entretiennent cependant des relations de complicité radicale avec les plantes. Il y a 500 millions d'années, les mycètes ont permis aux plantes de sortir de l'eau et de se développer sur la surface terrestre. Iells ont été leur système racinaire jusqu'à ce qu'elles développent leurs propres racines.

---

192 Patricia Ononiwu Kaishian et Hasmik Djoulakian, « The Science Underground: Mycology as a Queer Discipline », *Catalyst: Feminism, Theory, Technoscience*, n°6, Vol. 2, 2020, p.23.
193 *Idem*.

Depuis, plus de 90 % des plantes forment des symbioses avec des fongiques.

Les fongiques ont longtemps été considérés comme des sous-espèces, des plantes primitives ou des pathologies des plantes. Ce n'est qu'à partir de 1975 qu'iells intègrent un règne distinct des *plantae*[194]. Cependant, leur reconnaissance tardive n'est pas encore totale[195]. De façon similaire, les catégories « homosexuel », « transsexuel » ou « hystérique » ont longtemps servi à définir des pathologies psychiatriques. Tout comme la médecine coloniale a qualifié les indigènes de psychiquement inférieur·e·s et doté·e·s d'un intellectuel limité[196]. De même, les classes populaires et les personnes exilées sont perçues par une frange des politiciens comme des parasites et des nuisibles. De ces catégorisations découlent des pratiques politiques : identifier, séparer, discipliner, enfermer, torturer, exclure et détruire les éléments dysfonctionnels, improductifs, contagieux et dangereux de la société.

Pour ajouter à leur anormalité, nos camarades visqueux et poilus sont loin de répondre au modèle unique de la norme cisgenre, hétérosexuelle et monogame. Le schizophylle commun, par exemple, est connu pour avoir 23000 sexes différents. Les fongiques n'ont pas d'organe sexuel dédié à la reproduction. Ils ne génèrent ni graine ni œuf, mais des spores : de minuscules cellules asexuées qui se forment sur le corps mature du champignon. Les spores voyagent dans l'air jusqu'à trouver un endroit propice à leur croissance, de préférence sombre et humide. De là, ils tissent

---

194 Après la classification de Carl Linné (1707-1778) qui distingue animaux, végétaux et minéraux, Robert Whittaker (1920-1980) propose une classification en 5 règnes : les plantes, les animaux, les monères, les champignons et les protistes.
195 Voir le travail de la *Fungi Foundation* pour la reconnaissance du règne fongique et leur protection https://faunaflorafunga.org/ et de la mycologue Guliana Furci.
196 Frantz Fanon, *Écrits sur l'aliénation et la liberté*, La Découverte, 2015.

leur toile dans le sol sous formes de filaments (les hyphes du mycélium). Lorsque les hyphes se rencontrent, ils vont « *à la fois fertiliser et être fertilisés les uns par les autres, chacun jouant les rôles «masculin» et «féminin». »*[197] Les fongiques n'ont pas une mais plusieurs méthodes de reproduction : certains se reproduisent asexuellement, d'autres ont deux systèmes reproductifs, et même des corps distincts en fonction de ces systèmes. Ils peuvent fusionner avec un·e ou plusieurs partenaires, mais tous les partenariats ne sont pas dédiés à la reproduction. Ils sont aussi capables de se trans-former dans un procédé qu'on appelle *morphogénèse*.

Parmi les mycètes, le lichen a été considéré comme une anomalie, une monstruosité et une maladie de la pierre. Pour les biologistes, son étrangeté réside dans le fait qu'il soit inclassable et composé de plusieurs organismes entretenant un mode de vie symbiotique : un champignon (le mycobionte) et une algue (le photobionte). Son mécanisme complexe peut même faire intervenir plus de deux partenaires comme des levures ou des cyanobactéries. Le lichen est un mode de vie des champignons, une impossibilité : deux organismes issus de règnes différents ont décidé de vivre en symbiose, de nouer leur existence jusqu'à former un nouvel organisme. Tout seul, le champignon est incapable de photosynthèse, quant à l'algue, elle ne possède pas de racine qui permettrait de s'accrocher à la roche. En s'associant sous la forme du lichen, ces deux organismes gagnent ces capacités. Ainsi, ils témoignent de la capacité d'acquérir des aptitudes autrement que par l'hérédité, de façon instantanée en collaborant avec un autre organisme, par acquisition horizontale.

En tant qu'organisme symbiotique et dans sa façon d'échanger, le lichen est queer. Son mode d'échange permet d'aborder la multiplication et le maintien de la vie en décentralisant la reproduction capitaliste et

---

197 Willoughby Aravelo, *The Sex Life of Mushrooms, in Radical Mycology : A Treatise On Seeing And Working With Fungi,* Chthaeus press, 2016.

hétérosexuelle. En effet, la vision hétéronormative construit les sujets queers comme infertiles et improductifs, ce faisant, elle néglige les façons queers de (re)produire, de créer et de prendre soin, qui sont toutes aussi importantes pour la société et les écosystèmes que la reproduction sexuée[198]. Les organismes dissidents remettent en question les catégories binaires auxquelles iells sont assigné·e·s : plante/animal, masculin/féminin ou hétérosexuel·le/homosexuel·le. Ce faisant, iells renvoient à la société sa normalité et son contrôle obsessif du genre. Iells nous rappellent ainsi le caractère artificiel et idéologique de la classification moderne. En effet, le contexte d'émergence de la classification naturaliste est le même que celui des paradigmes de race, de sexe et de classe qui hiérarchisent les membres de la société. Déconstruire les catégories naturalistes entraîne donc le démantèlement des fictions modernes et des piliers de la maison du maître.

Politique des ponts

Le démantèlement de la fiction individualiste nous mène à repenser les communautés à plusieurs échelles. Les personnes queers ont une expertise de la communauté parce qu'elles sont souvent exclues de celles que le système leur a attribué à la naissance : la famille et la nation. Le bannissement de la société est organisé depuis la cellule patriarcale et se maintient à l'école, dans l'entreprise, au sein des institutions et dans la rue, les renvoyant dans des recoins invivables. La précarité et la violence agissent alors comme des régulateurs pour l'ensemble de la société : celleux qui sortent de l'ordre sexuel binaire ne font plus partie de la

---

198 Voir aussi Myra J. Hird, *The Body of Sexual Difference. Sex, Gender, and Science,* Palgrave Macmillan, 2004.

communauté, iells n'ont plus accès aux ressources et iells ne bénéficient plus de la sécurité et de la liberté qu'elle offre à ses membres. Dès lors, la communauté radicale est celle qui permet de (sur)vivre, celle qui accueille et qui nourrit quand les structures sont défaillantes. Celle qui leur enlève le pouvoir de décider qui vit et qui meurt.

Nous ne pouvons pas vivre dans une maison inondée ou une maison en feu. Nous ne pouvons pas respirer dans une maison où le mépris et la violence habitent chaque pièce, quand on ne sait pas si au détour d'un couloir un frère ou une sœur nous plantera. Pour les dissident·e·s, les communautés naturalisées peuvent devenir des endroits menaçants.

Pour celleux qui sont dans le mouvement et la transformation définir une communauté est une tâche difficile. Nous habitons au croisement de plusieurs maisons, sur des ponts précaires qui peuvent vite se transformer en champs de bataille. Nos avons développé une sensibilité à la poudre de leurs explosifs et une vision politique qui les dépasse. À l'intersection de plusieurs communautés, nous sommes pris·e·s dans des toiles de conflits, des délires identitaires, soumis·e·s à des choix impossibles. Nous traduisons, nous éduquons, tout en taisant nos besoins. Nos dos sont des ponts.

> *« J'en ai assez. J'en ai marre de voir et de toucher les deux côtés des choses. Marre d'être le foutu pont pour tout le monde. (...) Bouffon·ne·s! Laissez tomber! Grandissez ou noyez-vous! Évoluez ou mourez! Le pont que je dois être est le Pont vers ma propre force »*[199].

Comment faire communauté depuis nos positions ? Comment s'en sortir entre des communautés dont chacune demande une loyauté en s'opposant à

---

199 Donna Kate Rushin, « The Bridge Poem », *Les cahiers du CEDREF*, 2011, p.41-44.

l'autre ? Ces questions ont été posé·e·s par les afroféministes[200] et les féministes communautaires, et elles se posent tous les jours pour certain·e·s d'entre nous.

Parmi les féministes blanches, j'étais la camarade racisée, parmi les hétéros antiracistes j'étais la caution féministe, parmi les hétérosexuel·les, j'étais l'ovni lesbien, le *token* qui prouvait leur ouverture d'esprit, la personne qui leur apprendrait de façon privilégiée et gratuitement à être inclusifs·ves. Et je faisais ce qu'iells attendaient de moi : parmi les blanches, j'expliquais le racisme et le colonialisme ; parmi les racisé·e·s j'abordais les questions de genre ; parmi les anarchistes j'étais l'indigène qui se victimisait. Mon discours était toujours restreint, tronqué, instrumentalisé ou ignoré. J'étais le pont, mais personne ne voulait l'habiter ou relayer ma présence. Je devais y élire domicile, faire des allers-retours constants et inconfortables tout en trouvant des arguments percutants. Parfois, j'en avais marre, alors je m'asseyais au milieu du pont et je criais. Des gens prenaient peur. D'autres applaudissaient. Encore une fois, c'est Gloria Anzaldùa qui met les mots justes sur ces sentiments politiques :

> *« Je suis un pont balancé par le vent, un carrefour habité par des tourbillons. Gloria, la facilitatrice, Gloria la médiatrice, à cheval sur les murs entre les abîmes. Ton allégeance va à La Raza, le mouvement chicano", déclarent les membres de ma race. "Ton allégeance va au tiers monde", disent mes ami·e·s noir·e·s et asiatiques. "Ton allégeance va à ton genre, aux femmes", disent les féministes. Puis, il y a mon allégeance au mouvement gay, à la révolution socialiste, au New Age, à la magie et à l'occultisme. Et*

---

200 *« Toutes les femmes sont blanches, tous les Noirs sont hommes, mais nous sommes quelques-unes à être courageuses ». All the Women Are White, All the Blacks Are Men, But Some of Us Are Brave* (1982) titre d'une anthologie afroféministe éditée par Akasha Gloria Hull, Patricia Bell-Scott, et Barbara Smith ; Voir Elsa Dorlin, *Black Feminism : Anthologie du féminisme africain-américain, 1975-2000*, L'Harmattan, 2007.

il y a mon affinité pour la littérature, pour le monde de l'art. Qui suis je? Une féministe du tiers-monde lesbienne avec des penchants marxistes et mystiques. Ils me couperaient en petits fragments pour étiqueter chaque pièce »[201].

L'autrice décrit le pont comme un endroit de passage, mais aussi une frontière, il marque une différence fragile et épuisante. Il est constamment attaqué. À partir de nos vies étranges et de nos expériences mutantes, il faut élaborer des arguments contre les belligérant·e·s. Et si la violence n'est pas désamorcée, elle finira sur nos gueules. Le pont est un lieu instable dont les limites ne sont pas claires, une zone de gazage. Pourquoi faudrait-il nous marcher dessus pour se lier à d'autres ? Que se passe-t-il si le pont s'écroule ? L'état prolongé de guerre indique notre effacement. Les divisions faisaient des nœuds dans ma vie et dans mon corps. Pourtant, si moi je voyais ces fils tendus d'une rive à l'autre, si je pouvais les tisser, les autres aussi pouvaient les voir, construire ou découvrir des ponts et les traverser eux-mêmes, comme des grand·e·s. J'ai appris que s'ils n'y trouvent pas d'intérêts directs, la plupart des individus ignorent les ponts et préfèrent emprunter des autoroutes plates, rassurantes et éclairées, quitte à écraser certains corps.

Pour rester entière, je ne pouvais habiter ni les communautés ni les ponts, alors j'ai habité les ruines. Les marginalisé·e·s héritent des espaces liminaires, de la matière morte, des déchets et des débris. Les terres qui accueillent l'adelphité organique sont indésirables pour les capitalistes, malades, mal-accessibles, dures à vivre, pauvres, parsemées de trous et de cratères. Les déviant·e·s et les exclu·e·s sont déjà familiarisé·e·s avec les ruines. Iells éprouvent du désir pour les corps touffus, désordonnés, les parties visqueuses, les membres tordus, les peaux rugueuses et cicatrisées. Iells baignent dans l'indomptable, l'irrationnel, le bordélique et la toxicité.

---

201 Gloria Anzaldùa, *This bridge called my back : Writings by radical women of color*, Persephone Press, 1981, p.228. Traduction de l'autrice.

Pour les sujets précaires, les ruines ne sont pas une métaphore, elles décrivent leur quotidien. Les ruiné·e·s perçoivent la fragilité du paradigme mécaniste et son entrée dans un processus de pourrissement. Car, les ruines sont le destin de tous les empires.

Les catégories androcoloniales nous empêchent de constituer une communauté en accord avec notre vision politiques. Elles nous condamnent à jouer le rôle de médiatrice·teur entre les espaces. Nos dos sont des ponts entre des communautés qui se font la guerre. Si elleux s'accordent parfois du répit, nous, nous ne connaissons jamais la paix. Iells nous creusent les flancs pour établir des tranchées. Nous devons revoir nos allégeances et jongler avec elles. Choisir puis trouver des raisons d'être ici et pas ailleurs. Nous habitons la complexité qu'ils refusent d'affronter.

Ces endroits sont des champs de batailles, mais aussi des lieux de métamorphoses. Gloria Anzaldùa appelle cette zone de l'entre-deux *nepantla* :

> *« Nepantla est une tierra desconocida, et vivre dans cette zone liminaire veut dire être dans un état constant de déplacement – un sentiment peu rassurant et même alarmant. La plupart d'entre nous restent si souvent à nepantla que c'est devenu une sorte de « chez soi ». Bien que cet état nous relie à d'autres idées, d'autres personnes et d'autres mondes, nous nous sentons menacés par ces nouvelles connexions et les changements qu'elles engendrent »*[202].

Nous y acquérons un savoir nomade et féral. Maria Lugones, philosophe féministe argentine, parle d'une *« pratique volontaire »* qu'on acquiert en habitant les ponts, d'une *« flexibilité acquise (…) par nécessité »* : celle d'un individu qui *« voyage d'un monde à l'autre »* en s'amusant. Cette position est nourrie par la pluralité qui nous habite et nous offre une

---

202 Gloria Anzaldùa, Analouise Keating, *This Bridge we call home,* Routledge, 2002, p.1.

richesse de points de vue :

> « *Je tiens à affirmer que cette pratique est une manière habile, créative, riche, enrichissante et dans certaines circonstances, une manière aimante de vivre et d'être* »[203].

À la recherche d'une communauté politique, je pensais que l'organisation en mixité choisie queer et trans racisé·e·s était l'endroit des luttes radicales où pouvaient s'élaborer des politiques depuis les ponts, sans concession ni instrumentalisation. Certes, nous avions une vision d'ensemble et des stratégies de survie précieuses, mais nous étions précaires et usé·e·s, abîmé·e·s et tout aussi intoxiqué·e·s par le système. Les moments de mixité choisie créent des espaces de résonance et de régénération importants, mais ils ne sont pas la finalité ni le tout de la communauté. Ces moments m'ont appris que nous devons d'abord guérir, intimement et à l'intérieur de nos communautés. Cette guérison concerne nos corps, mais aussi ceux de nos mères, de nos petites sœurs et de nos frères. Et nous avons un rôle particulier dans le processus de guérison communautaire.

Sur les ponts, nous sommes à des endroits privilégiés pour comprendre l'altérité. Gloria Anzaldùa a nommé cette expérience « *the new mestiza* », littéralement, « la nouvelle métisse » est un sujet conscient de ses identités mélangées et conflictuelles. Depuis cette position, elle apporte de nouvelles stratégies pour combattre la pensée binaire occidentale[204]. Faire de la politique sur les ponts, c'est gérer quotidiennement des intérêts divergents. Cette position de médiation est d'abord nécessaire à notre propre fonctionnement, mais elle a aussi comme objectif de prendre soin et

---

203 María Lugones, « Attitude joueuse, voyage d'un « monde » à d'autres et perception aimante », *Les cahiers du CEDREF*: http://journals.openedition.org/cedref/684 ; DOI : https://doi.org/10.4000/cedref.684
204 Gloria Anzaldùa, *Terres frontalières, La Frontera, La Mestiza*, Cambourakis, 2022, p.151-170.

de construire des communautés plus fortes, plus éveillées, plus résistantes et plus justes. Il ne s'agit pas d'essentialiser les positions intersectionnelles, mais plutôt de mettre en évidence ce qu'elles exigent comme qualités qui ne sont jamais valorisées : un rôle politique essentiel à toute communauté, celui de médiateur·trice entre les mondes. Ce rôle de médiation entre les mondes est une attribution politique et spirituelle importante dans de nombreuses communautés : chez les *nahuatl*, les êtres spirituels étaient perçus comme des médiateurs, des gens d'action et de connaissance.

> *« C'est pourquoi les chamanes (comme les autres maîtres de l'invisible) sont d'abord des passeurs entre les mondes (humains/non-humains, vivants/morts, etc.), et ils ne passent les frontières qu'en les transgressant, qu'en réintroduisant de l'indistinction, du chaos, dans un cosmos qui, sinon, serait menacé de sclérose et d'asphyxie. En Occident, on aime présenter les chamanes comme de grands sages, des « gardiens de la Nature », c'est oublier que ce sont d'abord des maîtres du désordre : les premiers combattants dans la bataille de l'imaginaire, des figures cosmopolites qui inspirent, aujourd'hui encore, les révoltes et mouvements indigènes. »*[205]

Le système androcolonial s'est acharné à détruire les médiateurs·trices et les chef·fe·s spirituel·le·s au sein des communautés, car ils détenaient des éléments de connaissances, de résistance, de libération, de guérison et d'autonomie.

Pour mettre en évidence et ranimer ce rôle politique, Gloria Anzaldùa fait le lien entre l'habiter liminaire et son activisme spirituel. Elle refuse de choisir une identité monolithique et de porter allégeance à un groupe unique. Dans ses écrits, elle propose de nouvelles formes de relations affinitaires pour sortir des catégories sociales étriquées :

---

205 Dénètem Touam Bona, *Cosmopoétique du refuge : Tome 1, Sagesse des lianes*, Post-Editions, 2021, p.70.

« *Beaucoup d'entre nous s'identifient à des groupes et des positions sociales qui ne se limitent pas à l'appartenance ethnique, la classe raciale, religieuse, économique, de genre ou nationale. Bien que la plupart des gens se définissent par ce qu'ils excluent, ce qu'ils ne sont pas, nous définissons qui nous sommes par ce que nous incluons. C'est ce que j'appelle le nouveau tribalisme* »[206].

Plus qu'une habitation précaire, le pont est l'habitat essentiel de l'expérience humaine. Il définit l'individu comme un·e passager·e soumis·e aux expériences et aux transformations de l'existence. Le nouveau tribalisme n'efface pas les différences, il les embrasse en faisant table rase des hiérarchies. Il rend indésirable la promotion d'un ordre qui émane d'une volonté de contrôle. En son sein, le désordre n'est pas synonyme d'altérité, d'échappatoire ou d'irresponsabilité politique. Il refuse les mécanismes qui tentent d'exclure plutôt que faire du lien.

Paola Bacchetta, professeure et chercheuse engagée dans les mouvements décoloniaux et féministe, nous renseigne sur la volonté de Gloria Anzaldùa d'élargir le nouveau tribalisme en incluant la dimension écologique :

« *Au sein du nouveau tribalisme, les alliances sont faites par affinités. A mesure qu'elle faisait évoluer le concept-mot nouvelle mestiza, Anzaldúa l'a continuellement ouvert à de nouveaux sujets. À la fin, le nouveau tribalisme n'inclurait pas uniquement des sujets humains, mais engloberait également toutes les espèces, tout ce qui est vivant, tout ce qui existe. Ainsi, dans une période tardive, Anzaldúa déclarait: « je pense maintenant que les alliances impliquent des relations interdépendantes avec tout l'environnement - avec les plantes, la terre et l'air, ainsi qu'avec les gens* »[207].

---

206 Gloria Anzaldùa, Analouise Keating, *The Gloria Anzaldúa Reader.* Duke University Press, 2009, p.3.
207 Paola Bacchetta, « Orientations pour la résistance transnationale :

L'autrice Anna Tsing, quant à elle, nous offre l'image de communautés imbriquées. À l'inverse des communautés fermées, elles sont des agencements établis sur le modèle des communautés forestières. Elle les identifie comme des « *mondes multispécifiques* » où « *les humains, les pins et les champignons nouent leur mode de vie respectif les uns aux autres, autant pour leur bien propre que pour celui des autres* »[208].

L'écologie dissidente nous invite à agir selon les principes d'un monde queer multi-spécifique qui n'est pas encore là. Nous devons retrouver nos capacités de transformation pour participer à la création du monde à côté d'autres formes vivantes. Quand les régimes binaires intoxiquent nos rêves, nous pouvons nous inspirer des organismes à mauvaise réputation, opérer un ensauvagement volontaire, créer des possibilités d'habitation symbiotiques, devenir des créatures de la forêt et de joyeux fléaux sociaux. Ainsi, le futur aura la structure de nos désirs.

---

l'épistémologie décoloniale queer de Gloria Anzaldúa et des lesbiennes racisées (subalternes) en France », *Epistemological Others, Languages, Literatures, Exchanges and Societies*, n°8, *Colonialité, genre et multiculturalisme : Europe et Amériques*, dir. Anouk Guiné et Sandeep Bakshi, https://gric.univ-lehavre.fr/IMG/pdf/bacchetta_anzaldua.pdf.

208 Anna Tsing, *Le champignon de la fin du monde : Sur la possibilité de vivre dans les ruines du capitalisme*, La Découverte, 2017, p.59.

ÉROCÈNE : POUR UN MONDE DÉSORDONNÉ ET DÉSIRABLE

« Pour nous, c'est important de commencer par dire que les rêves se construisent avec le corps, avec les mains, parce que nous sommes féministes et que nous faisons de la politique en partant du corps, et aussi parce que nous croyons encore en l'espérance et que nous revendiquons l'utopie. Nous n'acceptons pas que quiconque veuille nous ôter le droit de rêver. Nous avons nos propres rêves et nous croyons qu'il faut les construire avec ce corps et ces mains. »

AMÉRICA MACÉDA[209]

« La métamorphose advient à travers les pulsations rythmiques d'un érotisme sacré. »

DÉNÈTEM TOUAM BONA[210]

---

209 Extrait d'un entretien de 2013: https://dial-infos.org/spip.php?article6221. América Maceda est artiste et militante anarcho-féministe bolivienne au sein du collectif *Mujeres Creando Communidad.*
210 Dénètem Touam Bona, *Cosmopoétique du refuge : Tome 1, Sagesse des lianes,* Post-Editions, 2021, p.127.

Ruiner la maison du maître

Ce que nous considérons comme naturel, contre-naturel, humain ou sauvage est culturellement situé. Leurs significations sont politiques, multiples et instables. Semer le désordre consiste à prendre conscience des narrations en cours et les faire mentir pour en faire germer de nouvelles. Nous ne pouvons laisser la minorité au pouvoir décider de ce qui est sain, naturel et politiquement juste, car dans ses tentatives d'éliminer toute concurrence, elle a condamné une grande part du Vivant à la précarité, la guerre et la mort. Le désordre est ce qui résiste aux catégorisations et à l'enfermement. Les catégories de nature, de sexe, de classe et de race sont invivables et écologiquement insoutenables. Nous devons nous convaincre que les rangs et les hiérarchies n'assurent aucune sécurité ni liberté. Détruire la maison du maître consiste alors à rendre ces catégories obsolètes par tous les moyens nécessaires. Les politiques du désordre résident dans le refus des mandats de domination, le refus d'être un homme, un vrai, et le refus de croire en sa supériorité raciale ou sa neutralité dans des systèmes structurels. Démanteler l'androcolonialité en soi, dans les institutions et les constructions futures constitue une grande partie du travail de mutation. Il nous faut ruiner la maison moderne, s'attaquer à sa pierre de fondation : l'exploitation comme mode de (sur)vie. L'entrepreneur mécaniste qui survie en réduisant les *autres* à des ressources matérielles et psychiques doit muter ou crever. Il n'a pas d'autre destin. Cet individu aliéné par la croyance en sa supériorité et son indépendance vis-à-vis du système Vivant doit trouver d'autres manières de vivre, car les conséquences de ses rêves ne sont plus supportables.

Il ne peut y avoir de société transformée sans une rupture radicale avec le vieux monde. Ma vision n'est donc pas anarchiste par romantisme, mais par nécessité. L'état demeure une structure de pouvoir verrouillée, incapable de mutation. La radicalité ne vient pas de la violence, mais de l'idéalisme face à celleux qui ne savent pas vraiment rêver. Mon idéalisme a faim de complicités, et mes rêves ont besoin de victoires pour tisser des résistances.

Arracher le pouvoir

Nous ne serons pas préservé·e·s des violences, des incertitudes et de la peur générées par nos interdépendances. Salvatrice et terrifiante, la féralité est un risque à prendre, une perte de repères à assumer, une tactique pour résister aux discours sur la pureté des corps, des relations et des espaces. Le sauvage ne fantasme pas la restauration ni la résilience, il aspire à la connaissance alchimique, à l'abondance des ruines, au pourrissement stratégique et à la mort initiatique. Il aspire à se fondre dans les décombres plutôt que de dîner à la table des maîtres.

Pour muter, il nous faut désobéir et arracher les conditions matérielles qui nous permettent de prendre des décisions collectives et d'agir. Cela ne peut advenir sans la conviction de notre puissance. Sans les marginalisé·e·s, les dominant·e·s ne peuvent rien faire. En tant que muscles et os du capital, nous portons le poids de leurs rêves. Nous y consacrons du temps, de la force, de l'énergie psychique et émotionnelle. Nous pouvons briser leurs rêves et en tisser d'autres. Nous avons le pouvoir d'arrêter la machine, si nous récupérons nos forces pour les mettre au service de la transformation de nous-mêmes, de nos communautés et de notre maison.

Le Désir tisse le Désordre

Désordre de nœuds ou prouesses rectilignes, la résistance est comme la création, un tissage lent et impossible à défaire. Celleux qui ont essayé le savent, il nécessite dextérité, concentration, finesse et persévérance. En tant qu'art du recouvrement et de l'attention, le tissage est lié au soin et à la communauté. Ses mouvements répétés sont des points de guérison qui peuvent mener à la transe. La stratégie du tissage s'élabore finement dans un but global. L'art du tissage nécessite mémoire et transmission. Point par point, il relie les individus en un réseau structuré. Il connecte les témoignages fragmentaires à des destins collectifs. Il est une métaphore de l'imbrication et de l'interdépendance. Le tissage témoigne des liens multispécifiques inhérent à l'expérience en tant que terrestre. Il témoigne de la conscience qui avance en créant des nœuds, des relations, des attaches et des conflits. Mimant rhizomes et mycélium, les résistances existent sous forme de réseaux complexes, omniprésents et intelligents, qui ne font pas de différence entre l'art et l'artisanat, entre l'utile et l'inutile, entre l'intérieur et l'extérieur.

Avant d'habiter notre imaginaire, l'utopie nous habite sous la forme d'une étincelle au fond du ventre, d'une vivification corporelle globale, d'une intuition lumineuse ou d'un besoin sauvage de (dé)connexion. L'érotisme peut être le moteur de notre mutation et nous aider à imaginer un monde désirable comme stratégie de résistance à la dystopie. Car le désir est l'aiguille qui perce l'infiniment petit et soulève des univers.

Dans la mythologie grecque le dieu Éros personnifie la pulsion de vie, la puissance créatrice, celle du mouvement, de l'attraction physique et du désir désordonné. Éros est une divinité primordiale qui naît du Chaos, le Grand Désordre Cosmique où tous les composants de l'univers sont enchevêtrés. Dans d'autres versions, Éros jaillit de l'émasculation du dieu céleste masculin Ouranos par la figure du Temps (*Chronos)*.

Éros et Thanatos se disputent et se côtoient. Ils coexistent, toujours. Thanatos est la mort du futur sous la forme du dédain, de l'essoufflement, du découragement et du désespoir. Au sein du thanatocène, l'érocène existe déjà en quantité limitée, dans des bulles éphémères, mais nous voulons le cultiver pour qu'il ne fasse pas partie d'une économie de rareté mais d'abondance. Éros est une alternative puissante pour contre-balancer et transformer la pulsion de mort du thanatocène. Il se distingue du désir superficiel et consumériste. Il n'est pas un érotisme du pouvoir, mais une source de puissance. Il trouve la joie et le plaisir en dehors de l'habiter androcolonial. Car si chacun·e cultive sa propre puissance, le pouvoir n'a plus aucun intérêt : il perd son caractère désirable.

Le désir nous permet d'entamer une phase nouvelle, celle de l'érocène. Elle nous entraîne à imaginer, construire, toucher et jouir de mondes désirables. Pour Audre Lordre, l'érotisme est une source de puissance et de connaissance, présente à l'intérieur de chacun·e de nous qui nous connecte aux autres[211]. Elle est *« capable de générer l'énergie nécessaire au changement »*. La puissance de l'érotisme est inhérente à un système où les individus sont connectés, mais recherchent l'autonomie.

L'érotisme informe aussi sur le désir de s'améliorer, de s'aimer assez pour faire le travail politique nécessaire à la trans-formation de nos maisons. Ainsi formulé, notre projet politique est érotique, désirable. Il s'élabore avec notre première maison : notre corps et nos émotions. Il consiste à

---

211 Audre Lorde, *De l'usage de l'érotisme : l'érotisme comme puissance,* dans *Sister Outsider : Essais et propos sur la poésie, l'érotisme, le racisme, le sexisme,* Mamamelis, 2018, p.51-58.

ranimer la force du désir, à renverser le pouvoir et faire circuler la puissance. L'érocène enclenche alors une danse férale et folle, extatique, un dépouillement libérateur où les ornements et le superflu sont renvoyés à la terre.

BIBLIOGRAPHIE

Achille Mbembe, *Sortir de la grande nuit : essai sur l'Afrique décolonisée*, La Découverte, 2013.

Achille Mbembe, *Politiques de l'inimité*, La Découverte, 2018.

Alex B., *Trans n'est pas transhumanisme: Une réflexion trans sur les transhumanismes trans-friendly, les cyberféminismes queer, les écologismes et les féminismes transphobes*, 2021.

An Antane Kapesh (trad. Sara Kenzi), *Eukuan nin matshi-manitu innushkueu / I am a damn savage ; Tanite nene etutamin nitassi? / What have you done to my country?*, Wilfrid Laurier University Press, 2020.

Anibal Quijano, « Race » et colonialité du pouvoir », *Mouvements* 2007/3 (n° 51), p.111-118.

Anna Lowenhaupt Tsing, *Le Champignon de la fin du monde : Sur la possibilité de vivre dans les ruines du capitalisme*, La Découverte, 2017.

Ariel Salleh, *Ecofeminism as politics : Nature, Marx, and the Postmodern*, Zed Books, 2017.

Arthur Evans, *Witchcraft and the Gay Counterculture*, Fag Rag Books, 1978.

Audre Lorde, *Sister Outsider : Essais et propos sur la poésie, l'érotisme, le racisme, le sexisme*, Mamamelis, 2018.

Berenice Fisher et Joan Tronto, *Un monde vulnérable : Pour une politique du care*, La Découverte, 2009.

Bruce Bagemihl, *Biological Exuberance : Animal homosexuality and natural diversity*, Stonewall Inn, 2000.

Cara New Daggett, *Pétromasculinité : Du mythe fossile patriarcal aux systèmes énergétiques féministes*, Wild Project, 2023.

Carolyn Merchant, *Radical Ecology : The search for a livable world*, Routledge, 2005.

Carolyn Merchant, *La mort de la nature : Les femmes, l'écologie et la révolution scientifique*, Wildprojet, 2021.

Catriona Mortimer-Sandilands et Bruce Erickson, *Queer Ecologies, Sex, Nature, Politics, Desire,* Indiana University Press, 2010.

Cherrie Moraga, Gloria Anzaldùa, *This bridge called my back : Writings by radical women of color,* Persephone Press, 1981.

Christophe Bonneuil, Jean-Baptiste Fressoz, *L'Événement anthropocène : la Terre, l'histoire et nous*, Seuil, 2016.

Cy Lecerf Maulpoix, *Écologies déviantes : Voyage en terres queer*, Cambourakis, 2021.

Dan Brockington, Rosaleen Duffy, Jim Igoe, *Nature Unbound: Conservation, Capitalism and the Future of Protected Areas*, Earthscan Ltd, 2008.

David Griffiths, « Queer Theory for Lichens », *UnderCurrents*, vol.19, n°1, 2015, pp.36-45.

Dénètem Touam Bona, *Cosmopoétique du refuge : Tome 1, Sagesse des lianes*, Post-Editions, 2021.

Diana K. Davis, *Les mythes environnementaux de la colonisation française au Maghreb*, Champ Vallon, 2012.

Donna J. Haraway, *Vivre avec le trouble*, Des mondes à faire, 2020.

Elon Musk, *Making Humans a Multi-Planetary Species*, New Space, 2017.

Elsa Dorlin, *Black Feminism : Anthologie du féminisme africain-américain, 1975-2000*, L'Harmattan, 2007.

Eric Zemmour, *Le premier sexe*, Denoël, 2006.

Fahim Amir, *Révoltes animales*, Divergences, 2022.

Felwine Sarr, *Afrotopia*, Philippe Rey, 2016.

Francis Dupuis-Déri, *La crise de la masculinité* : *Autopsie d'un mythe tenace*, Remue-ménage, 2018.

Francis Dupuis-Déri, « Le discours de la "crise de la masculinité" comme refus de l'égalité des sexes : histoire d'une rhétorique antiféministe », *Recherches féministes*, vol. 25, n° 1, 2012, pp.89-109.

Françoise Vergès, *Le ventre des femmes : Capitalisme, racialisation, féminisme*, Albin Michel, 2017.

Frantz Fanon, *Écrits sur l'aliénation et la liberté*, La Découverte, 2015.

Frantz Fanon, *Les damnés de la terre*, La Découverte, 2002.

Gayatri Chakravorty Spivak, *Les Subalternes peuvent-elles parler ?*, Amsterdam, 2020.

Gloria Anzaldùa, Analouise Keating, *This Bridge we call home*, Routledge, 2002.

Gloria Anzaldùa, Analouise Keating, *The Gloria Anzaldúa Reader.* Duke University Press, 2009.

Gloria Anzaldùa, *Terres frontalières, La Frontera, La Mestiza*, Cambourakis, 2022, traduit par Alejandra Soto Chacón et Nino S. Dufour.

Guillaume Blanc, *L'invention du colonialisme vert : Pour en finir avec le mythe de l'Éden africain*, Flammarion, 2020.

Jack Halberstam, *Female Masculinity*, Duke University Press, 1998.

Jack Halberstam, *Wild Things: The Disorder of Desire*, Duke University Press, 2020.

Joan Roughgarden, *Evolution and Christian Faith: Reflections of an Evolutionary Biologist*, Island Press, 2006.

Judith Butler, *Trouble dans le genre : Le féminisme et la subversion de l'identité*, La Découverte, 2005.

Kathleen Starck et Birgit Sauer, *A Man's World? Political Masculinities in Literature and Culture*, Cambridge Scholars Publishing, 2014.

Lena Balaud et Antoine Chopot, *Nous ne sommes pas seuls : Politique des soulèvements terrestres*, Seuil, 2021.

Leslie Feinberg, *Transgender Warriors: Making History from Joan of Arc to Dennis Rodman*, Beacon Press, 1997.

« Corps-territoire et territoire-terre » : le féminisme communautaire au Guatemala, Entretien avec Lorena Cabnal », Propos recueillis et traduits par Jules Falquet,

Cahiers du Genre, 2015/2 n° 59, pp.73-89.

Loretta Ross, *Radical reproductive justice : Foundation, theory, practice, critique*, First Feminist Press, 2017.

Louis-Georges Tin, *L'invention de la culture hétérosexuelle*, Autrement, 2008.

Lynn Margulis et Dorion Sagan, *L'univers bactériel : Les Nouveaux Rapports de l'homme et de la nature*, Seuil, 2002.

Malcom Ferdinand, *Une écologie décoloniale : Penser l'écologie depuis le monde caribéen*, Seuil, 2019.

Maria Lugones, « Toward a Decolonial Feminism », *Hypatia*, Vol. 25, No. 4, Fall 2010, pp.742-759.

Mathias Quéré, *Qui sème le vent récolte la tapette, une histoire des Groupes de libération homosexuels en France de 1974 à 1979*, Tahin, 2019.

Mathieu Rigouste, *L'ennemi intérieur : La généalogie coloniale et militaire de l'ordre sécuritaire dans la France contemporaine*, La Découverte, 2011.

Mathieu Rigouste, *La domination policière : Une violence industrielle*, La Fabrique, 2012.

Mathieu Rigouste, *La police du futur : Le marché de la violence et ce qui lui résiste*, 10/18, 2022.

Merlin Sheldrake, *Le monde caché : Comment les champignons façonnent le monde et influencent nos vies*, First, 2021.

Michel Foucault, *Histoire de la sexualité I : La volonté de savoir*, Gallimard, 1994.

Mohammed Taleb, *L'écologie vue du sud : Pour un anticapitalisme éthique, culturel et spirituel*, Sang De La Terre, 2014.

Murray Bookchin, *Towards an Ecological Society*, 1973. Traduction française de Daniel Blanchard et Helen Arnold, *Pour une société écologique*, Christian Bourgeois, 1976.

Myra J. Hyrd, *The Body of Sexual Difference. Sex, Gender, and Science*, Palgrave Macmillan, 2004.

Naomi Klein, *La Stratégie du Choc : La montée d'un capitalisme du désastre*,

Actes Sud, 2013.

Androcène. Numéro Spécial, *Nouvelles Questions Féministes*, n°2, vol. 40, 2021.

Patricia Ononiwu Kaishian et Hasmik Djoulakian, « The Science Underground: Mycology as a Queer Discipline », *Catalyst: Feminism, Theory, Technoscience*, n°6, Vol. 2, 2020.

Peter Gederloos, *Comment la non-violence protège l'État : Essai sur l'inefficacité des mouvements sociaux*, Éditions Libre, 2018.

Peter McCoy, *Radical Mycology : A Treatise On Seeing And Working With Fungi*, Chthaeus press, 2016.

Rachel Carson, *Printemps Silencieux*, Wild Project, 2020.

Raewyn Connell, *Masculinités : Enjeux sociaux de l'hégémonie*, Amsterdam, 2014.

Richard Grove, *Les îles du Paradis. L'invention de l'écologie aux colonies 1600-1854*, La Découverte, 2013.

Saïd Bouamama, *Les Discriminations racistes : Une arme de division massive*, L'Harmattan, 2010.

Saïd Bouamama, *Des classes dangereuses à l'ennemi intérieur : Capitalisme, Migrations, Racisme*, Syllepse, 2021.

Samir Amine, « *Le capitalisme sénile* », *Actuel Marx*, 2003/1 (n° 33), p.101-120.

Sarah Jaquette Ray, Jay Sibara, D*isability Studies and the Environmental Humanities : Toward an Eco-Crip Theory*, University of Nebraska Press, 2017.

Silvia Federici, *Caliban et la Sorcière : Femmes, corps et accumulation primitive*, Entremonde, 2017.

Starhawk, *Rêver l'obscur : Femmes, Magie et Politique*, Cambourakis, 2015.

Syl Ko et Aph Ko, *Aphro-ism : Essays on pop culture, feminism and black veganism from two sisters*, Lantern Books, 2018. Extraits traduits dans le zine des éditions Cafarnaüm, *Revendiquer l'animalité depuis une perspective décoloniale.* leseditionscafarnaum.noblogs.org

Todd Shepard, *Mâle décolonisation : L'« homme arabe » et la France de l'indépendance algérienne à la révolution iranienne (1962-1979)*, Payot et

Rivages, 2017.

Ugo Palheta, *La possibilité du fascisme : France, la trajectoire du désastre*, La Découvert, 2018.

Val Plumwood, *Dans l'œil du crocodile : L'humanité comme proie*, Wild Project, 2021.

Vandana Shiva, *Terrorisme alimentaire : Comment les multinationales affament le Tiers monde*, Fayard, 2001.

Vandana Shiva, *Restons vivantes : Femmes, écologie et lutte pour la survie*, Rue de l'échiquier, 2022.

Vipulan Puvaneswaran, Shams Bougafer, Clara Damiron, *Autonomies animales : Ouvrir des fronts de luttes inter-espèces*, Michel Lafon, 2023.

Whitney A. Bauman, *Meaningful Flesh Reflections on Religion and Nature for a Queer Planet*, Punctum Books, 2018.

Zoologie Queer, 2 de 4, L'hétérosexisme de la zoologie
https://contrepoints.media/fr/posts/zoologie-queer-2-de-4-lheterosexisme-de-la-zoologie

REMERCIEMENTS

Milles mercis à celle qui a pris du temps pour me relire, m'écouter, me soigner et m'accompagner tout au long des étapes de cet ouvrage: Johanna Renard, mon amoure et ma complice de tous les temps. Je remercie ma famille, ma mère, ma soeur et mes nièces pour la solidité des racines, la force, l'Algérie, les repas et la confiance. À mes camarades et mes ami·e·s, passé·e·s, présent·e·s et futur·e·s, merci pour les discussions sans fin, les débats, les disputes, les délires et les relectures. Merci aux pigeon·ne·s, pour le support et le confort du nid, malgré les difficultés quotidiennes. Reconnaissance infinie à celleux qui me lisent, de près ou de loin, qui sont sur la même énergie et m'envoient – ou pas – des petits mots. Remerciements à celleux qui m'ont soulée ou qui m'ont jetée, celleux qui m'ont renvoyée du négatif, m'ont barré la route ou m'ont mentie, vous faites partie du chemin. Merci à la petite fille que j'étais, celle qui a fabriqué son premier livre à 6 ans, et qui a continué à écrire et dessiner, parce que c'était soit ça, soit crever.

Sem Nagas est autrice, artiste transdisciplinaire et militante dans les milieux décoloniaux, queers, féministes et anticapitalistes. Issue des quartiers populaires et de l'immigration nord-africaine, elle tisse des liens entre différents espaces radicaux et précaires afin de nourrir les résistances. Ses thématiques sont la transformation, les racines et la mycologie. Elle est l'autrice d'une série de zines "mutant.e.s" et éditrice de "queerasse".

Contact :

sem.nagas@gmail.com
instagram @sem.nagas
site web : semnagas.wordpress.com